八ヶ岳パン散歩

とっておきのパン店ガイド

八ケ岳エリアではここ数年、
パン店が増えています。
自然豊かなロケーションも相まって、
注目度も高まっています。
焼きたてのパンの香りに包まれ、
高原で「外パン」するのも格別です。
お気に入りのパンを探しに、
八ケ岳エリアを巡ってみませんか。

山梨日日新聞社

Contents

003 **@北杜市大泉町**

018 【豆知識 ＃01】粉と酵母

019 **@北杜市長坂町**

032 【豆知識 ＃02】世界各国のパン

033 **@北杜市高根町**

054 【豆知識 ＃03】パンに合う食材Ⅰ

055 **@北杜市須玉町・明野町・武川町・白州町**

072 【豆知識 ＃04】パンに合う食材Ⅱ

073 **@北杜市小淵沢町**

084 【COLUMN】片山 智香子さん
「外パンのススメ」

085 **@韮崎市**

098 【パン職人】日野沢 輝夫さん
「食事パンにこだわり お店で食べ方も提案」

099 **@長野県&東京都**

116 エリア別マップ

126 掲載パン店 50音INDEX

※ DATA の見方
☎:電話番号
住所
ホームページ
営業時間
定休日
駐車場

本書は、2017年 2月 3日〜8月 4日付の山梨日日新聞電子版「さんにち Eye」の連載「八ヶ岳パン日和」の単行本化です。

本書掲載の情報は、2017年 7月現在のものです。料金や営業時間、メニューなどに変更がある場合もあります。

それぞれのお店の所在地を示す地図はあくまでも一つの目安としてアクセスの参考にしてください。

@北杜市大泉町

- パンの店 コンプレ堂
- EL-bethel(エルベテル)
- organic cafe ごぱん
- カフェ アロア
- Sweets & Bread 麦の家
- 清里ベーカリー
- Cou cou CAFÉ(ククーカフェ)

長期熟成させた生地をしっかりと焼き込んだパンが並ぶ「パンの店 コンプレ堂」

パンの店 コンプレ堂

絶妙な味と食感
パン職人の技が光る人気店

北杜市大泉町の別荘地の一角にある「パンの店 コンプレ堂」。2012年のオープン以来、口コミで評判が広がり、多い日には150組以上が訪れる人気店だ。「complete（全部の）」に由来する店名は、パンを通して地域全体と関わりたいという思いが込められているという。

広さ10平方メートルほどの店内には、ハード系、セミハード系、菓子パンなど約50種類が並ぶ。一つ一つ表情豊かな見た目にときめき、その期待感を裏切らないのが人気の秘密だろう。長時間発酵させた生地をしっかりと焼き込んだパンは、どれも味のバランスと食感が絶妙。例えば、3日間かけて作るクロワッサンは、幾重にも重なり合う薄い層の食感と、鼻に抜ける小麦と発酵種の風味が見事に絡み合う。

店主の馬場一樹さんは、都内の製パン企業や関西の個人店などで20年以上パンを焼いてきた熟練の職人。「強い個性を狙うよりも、伝統的な製法を大切にし、毎日食べられる飽きのこないパンを目指している」と話す。

毎日、作業を開始するのは夜中の12時ごろ。開店時間の午前7時半～9時の時間帯に最も多くの種類が並ぶという。

真面目に、謙虚に、パンと向き合う

Pick up!

　コンプレ堂店主・馬場一樹さんは、東京農大で醸造学を学んだ研究者肌。基本に忠実でありながら、発酵時間や焼き時間のタイミングを見計らうことで、シンプルな素材を風味豊かな逸品に変身させている。「特別な技術は持っていないので」とはにかむ馬場さん。真面目に、謙虚に、パンと向き合う姿勢が、同店のファンを増やし続けている。

「地域の人たちが世間話をしながら普通に使える『町のパン屋』になりたい」と話す馬場一樹さん

1.馬場さんの両親が20年前から暮らす家の敷地内に建設した店舗　**2.**雑貨店のようなやさしい雰囲気に満ちた店内。馬場さんの姉みちるさん（左）と母延子さんの接客も温かい　**3.**見た目もスイートなパンの数々。職人の丁寧な仕事が感じられる

DATA

☎0551-45-7007
北杜市大泉町西井出8240-6964
http://completdo.exblog.jp/
7:30〜17:30
木曜と第2、4水曜定休
（定休日以外の休みはブログに掲載、日曜は出張販売のみ）
駐車場は5台分
※別荘地のため、店の敷地以外の駐車はご遠慮ください

おすすめパン

雑穀トースト

天然酵母を使用し、黒ごま、アズキ、大麦など５種類の雑穀入り。しっかりとした食感でサンドイッチにも

あんパン

あんことの相性がいいブリオッシュ生地を使用。しっとりとした食感

ミルクパン

見た目はかたそうだが、実はやわらかく子どもにも人気。水の代わりに牛乳を使用したリッチな味わい

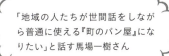

EL-bethel（エルベテル）

シンプルな食事パン、ケーキが人気
早朝から次々と来客

周囲を豊かな自然に囲まれたパンとケーキのお店「EL-bethel（エルベテル）」（北杜市大泉町）。お店には別荘居住者やペンション経営者ら近隣の人たちが足しげく通う。

シンプルな食事パンを中心に、菓子パン、惣菜パンまで約20種類。開店は午前7時半と早いが、焼きたてを買い求める人が次々と訪れる。欲しいパンがある場合は早めの来店がポイントだ。ドライフルーツをふんだんに使ったフルーツケーキや、ロールケーキ、シュークリーム（土日のみ）などのケーキ類も人気がある。

オーナーは、甲州市出身の宮沢豊さん。県外で暮らしていた時に知り合った妻・裕子さんとともに2005年に移住し、07年に同店をオープンした。ログハウスの住宅兼店舗は豊さんのセルフビルド。水道設備の仕事をした経験を生かして一から建てた、愛着のある建物だ。

口コミでお店の評判が広がり、今では地域の人気店に。裕子さんは「ここまでやってこられたのは皆さまのおかげ。これからも人のふれ合いを大切にし、パンを通じて楽しいひとときを共有できたら」と感謝の気持ちをパンに込める。

朝から焼きたてのパンが並ぶ「EL-bethel(エルベテル)」

小麦と自家製酵母にこだわり
食べやすいパンを追求

Pick up!

1.ショーケースにはケーキやプリンなどのスイーツが並ぶ　**2.**購入したパンはテラスでコーヒーなどと一緒に楽しめる

パンはすべて国産小麦の「はるゆたかブレンド」と、グリーンレーズンから起こした自家製酵母を使用。酸味やくせが少なく、生地そのものの味わいを楽しむことができる。翌日かたくなりにくいのも同店のパンの特徴だという。

食べやすいパンを追求し、研究に研究を重ねてきたオーナーの宮沢豊さん。「お客さんに『もう一度食べたい』と言っていただける味をこれからもお届けしていきたい」と、思いを新たにしている。

接客は妻・裕子さんの担当。常連客と会話が弾む

オーナー自らが建てた店舗兼住宅

おすすめパン

Pain de mie（パンドミ）

人気の山型食パン。外はカリッと、中はしっとり、もちもちとした食感。天然酵母ならではの深い味わい

レーズン食パン

くせの少ないレーズンを使用していて、苦手な人でも食べやすい

やさいカレーパン

シンプルな食事パンがメインだが惣菜パンもおいしい。マイルドな辛さで子どもたちにも人気

DATA

☎0551-38-1143
北杜市大泉町西井出8240-7818
http://www.el-bethel1143.com/
7:30〜17:00
月・火曜定休（祝日の場合は営業）
12月中旬〜4月上旬は休業
（クリスマスケーキのみ受け付け）

organic cafe ごぱん

穀菜食の食事法取り入れ
素材本来の味わい生かす

穀物や野菜、海藻を中心にした穀菜食「マクロビオティック」。その食事法を取り入れたパンと料理が楽しめる「ｏｒｇａｎｉｃ ｃａｆｅごぱん」（北杜市大泉町）は、乳製品、卵などの動物性食品や砂糖類は使わず、素材本来の味わいを大切にしている。

　玄米などをもとにした自家製酵母と国産小麦で作るパンは、食事パンを中心に6〜10種類。ずっしりとしているが、すーっと体になじんでいくようなやさしい甘さがある。「穀物の甘みを生かしたご飯のようなパンを食べてもらいたい」。店名の由来を話す小山楓代さんは、まだ世間にマクロビオティックという言葉が知られていなかった時代、この道の第一人者大谷ゆみこさんの下で学び、20年前に同店をオープンした。

　パン作りを担当するのは夫の正利さん。「こねた生地は発酵器には入れず温かい所に置いて、発酵するのをじっと見守っている感じ」。その言葉からは、わが子をかわいがるようなパンへの愛情が伝わってくる。

　食堂ではパンとセットで、楓代さんが作る季節のスープやオムレツ風に焼いた豆腐のほか、カレー、玄米おむすびなどが味わえる。

自家製酵母は２種類
ご飯のようなやさしい甘さ

　自家製酵母は２種類。一つは、サワードゥブレッドなどに使う、全粒粉と玄米から起こした酵母。もう一つは、小麦粉と玄米、発芽玄米酒粕《かす》から起こした酵母だ。酒粕は、種菌を稲麹から採取、培養している千葉県の酒蔵から譲り受けたもので、蒸しぱんや揚げパンドーナツなどに使っている。生地に入れる酵母の量を極力少なくしているため、酵母が穀物の糖質を食べ尽くすことがなく、ご飯のようなやさしい甘さが残るという。

1.小麦粉と玄米、発芽玄米酒粕から起こした酵母。酒粕がほんのりと香る　**2.**食事パンを中心に6〜10種類が並ぶ　**3.**食堂横に開設した売店でパンを販売

「素材本来の味を楽しんでほしい」と話す小山楓代さん

マクロビオティックを基本にしたパンや料理が楽しめる「organic cafe ごぱん」。パン担当の小山正利さん

DATA

☎0551-38-0372
北杜市大泉町西井出8240-1677
http://www.gopan.jp
11:00〜17:00(パンの販売)
12:00〜14:30(食事)
水、木曜定休
このほか、イベント出店時も休み

おすすめパン

発芽玄米酒粕酵母の揚げパンドーナツ

もちもち食感で自然な甘さが特徴。好みでジャムやしょうゆを付けてもおいしい

発芽玄米酒粕酵母の蒸しぱん

小麦の風味が豊か。ずっしりしていて、おにぎりのような満足感がある

無酵母の玄米ごはん

酵母は使わず、玄米のおかゆと小麦粉と塩だけで作ったパン。離乳食としても人気

カフェ アロア

幸せ感じるふんわりパン
自家焙煎コーヒーとともに

ふわふわのパンドミ、濃厚な自家製カスタードがたっぷり入ったクリームパン、サクサクもちもちのクロワッサン…。「カフェアロア」(北杜市大泉町)のパンはどれも一口食べると、ほんわかした気持ちになるやさしい味わい。

店主の奥さま、木寺千恵子さんは「おいしいって、どんな時も幸せを感じさせてくれるもの。パンを通して幸せを届けられるように」と語る。毎日心を込め、手間暇かけて、添加物を一切使わない安心して食べられるパン作りにこだわる。

無添加で日持ちがあまりしないので毎日たくさんは焼かないというが、夏は20種類、冬も10～15種類のふんわりパンが並ぶ。野菜や卵など地元の食材も多く使用、手に入る時は小麦粉も地元産を使い、小麦がふわっと香るパンを焼き上げる。

店では、コーヒー界のレジェンドといわれる東京の「カフェバッハ」のコーヒーにほれ込んで研修したという、店主の純夫さんが入れるこだわりの自家焙煎コーヒーも味わえる。20種類以上ある豆の中から選べるのも楽しみの一つ。パンと一緒に味わえるモーニングセットを目当てに、朝から訪れる常連さんも多い。

1

2

1.「安心して食べてもらえるパンづくりが基本です」と話す木寺千恵子さん **2.**自家製カスタードと生クリームを使ったシュークリームも人気

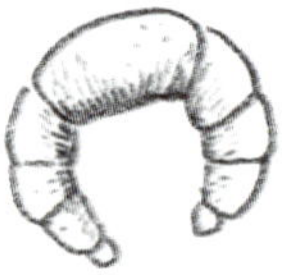

コーヒーは木寺純夫さんが一杯一杯、丁寧に入れてくれる。豆も販売している

おすすめパン

パンドミ

ふんわりと焼き上げた食パン。トーストはもちろん、そのまま食べてもおいしい

クリームパン

地元・八ケ岳の中村農場の黄身の濃いハーブ卵で作ったカスタードが濃厚で美味

花豆パン

丁寧にやわらかく炊いた地元・大泉町の花豆がそのまま入っている。ほどよい甘み

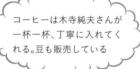

DATA

☎0551-38-3044
北杜市大泉町西井出8240-7315
http://www13.plala.or.jp/aloa/
8:00〜18:00
水曜日定休

靴を脱ぎくつろぐ店内 ずっと居たくなる心地良さ

Pick up!

暖炉の火を見ながらゆったりとした時間を過ごせる店内。大きな窓も気持ちがいい

「カフェ アロア」の建物は、かつて画家のアトリエとして使われていた。ゆったりとした店内は靴を脱いでくつろぐスタイル。テーブル席やカウンターのほかに、暖炉の前でソファやラグに座ってのんびりと過ごせる空間もあり、まるで自宅にいるような心地良さを覚える。長居する人も多く、本を読んだり、編み物をしたりと、思い思いの時間をおいしいコーヒーとパンとともに過ごしている。この居心地の良さは、空間はもちろん、木寺さん夫妻の人柄があってこそ。人を笑顔にするおいしいものを作る人は、やっぱりすてきな笑顔をしている。

添加物を一切使わずに焼き上げた「カフェ アロア」のパンは、ふんわりとやさしい味わい

Sweets&Bread 麦の家

料理人が作る
個性豊かなパン

店頭に並ぶ、おいしそうな焼き色をしたさまざまなパン。店内はふわっと香ばしい小麦の香りが漂い、奥からは何やら甘い匂いもしてくる。「Sweets&Bread麦の家」(北杜市大泉町)は、お店に入った途端おいしさに包まれるお店だ。

元コックというご主人の柴田忠儀さんが作るパンは、どれも個性的。北海道産の小麦粉とako天然酵母を使った味わい深い生地に、旬の野菜や選び抜いた素材が個性豊かに組み合わされている。じゃことのりがのっていたり、黒ゴマあんぱんにクリームチーズを入れたり、パンの具材として地元のお米を使ったりと、料理人ならではのオリジナルのパンがいっぱい。「地元で採れた季節の素材やその時の気分で、新しい味わいが生まれてくる」と、意外な組み合わせから次々と新しいおいしさを作り出している。

パンの向こうに並ぶスイーツは、すべて奥さまの手作り。国産小麦と天然酵母、きび砂糖にたっぷりのバターで焼き上げたスコーンは香りがよく、小麦のおいしさが感じられる。パウンドケーキやタルトには地元で採れたブルーベリーやイチゴなど季節のフルーツもふんだんに使っていて、素朴で深い味わいだ。

1.店の奥にはキッチンがあり、サンドイッチを目の前で作ってくれる **2.**店の奥にあるスイーツコーナー。奥さま手作りのスコーンやクッキーが並ぶ **3.**カフェコーナー。店内には靴を脱いで入るスタイルなので、ゆったりくつろげる

旬の素材を使ったサンドイッチは、ほかでは味わえないおいしさ

斬新な組み合わせのサンドイッチも人気

Pick up!

麦の家はサンドイッチがおいしい店としても知られている。きんぴらとスパムミートにタルタルソースを合わせたサンドイッチや、かつお菜と玉子のオムレツサンドなど、その斬新な具材の組み合わせは料理人のご主人ならでは。パン生地も具材に合わせて選んでいて、ほかでは味わえないおいしさを作り出している。旬の素材で作るキッシュも人気。日替わりのスープや奥さま手作りのスイーツとセットで味わえるランチもあり、どれもテイクアウトできるのがうれしい。

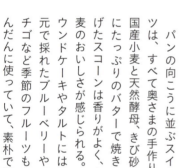

ドアを開けると目の前にさまざまなパンが並んでいる。「Sweets&Bread 麦の家」ならではのパンも多く、選ぶのも楽しい

おすすめパン

さつま芋パン

バターとメープルシロップで煮た地元のあけの金時がのっている。やさしい甘み

天然酵母のくるみパン

北海道産小麦のシンプルなパン生地に大粒なクルミをごろごろ入れて焼き上げた

食パン

北海道産小麦粉を使い山型に焼き上げている。トーストするとサックリとしておいしい

DATA

☎0551-38-1707
北杜市大泉町西井出8411-17
http://cafe.muginoie.com
10:00～17:00
木・金曜定休

八ケ岳の麓に位置するサンメドウズ清里（北杜市大泉町）。標高約1600メートルのセンターハウスからは、間近に迫る八ケ岳の最高峰・赤岳や、遠く望む富士山など、ダイナミックな風景が見渡せる。高原の澄んだ空気も心地いい。この素晴らしい環境の中、焼きたてのパンを食べたらどんなにおいしいだろうという発想で4年前、センターハウス2階に開設されたのが「清里ベーカリー」。総菜パンや食事パン、菓子パンなど15〜18種類を毎朝、店内で焼き上げている。動物を描いたキュートなメロンパンや、ビールのお供に最適なチョリソーソーセージを使ったものなど、大人から子どもまで楽しめるパンがそろう。ふわふわ、もちもちの生地が包み込む具材にはできるだけ、地元の食材を使うことにこだわっていて、お土産としても人気が高い。

購入したパンは、パノラマリフトで向かう標高1900メートルの山頂に設置された清里テラスで味わうこともできる。夏季の山頂は甲府盆地に比べて10度近く気温が低いそうで、さわやかな空気の中、パンを片手にピクニック気分を満喫したい。

八ケ岳の景色と澄んだ空気の中で
パンが味わえる「清里ベーカリー」

1.大人から子どもまで楽しめるバラエティー豊かなパンが並ぶ　2.パンと一緒にコーヒーやアルコールも提供しているイートインスペース　3.センターハウス２階にある店舗

八ヶ岳の食材でオリジナリティー追求

Pick up!

「清里ハム」のチョリソーソーセージや、「清里ミルクプラント」のゴーダチーズ、地元で採れたアカシヤはちみつなど八ケ岳のおいしい食材を使い、オリジナリティーのあるパンを追求している。「地元の高原野菜が味わえるパンも開発していきたい」とベーカリー担当者。ゲレンデや八ケ岳高原を一望する開放感いっぱいのイートインスペースもあり、この場所ならではのパンの魅力を伝えている。

「清里ハム」のチョリソーソーセージを使ったチョリソーパン

清里ベーカリー

標高1600㍍で焼き上げるもちもちのパン

DATA

☎0551-48-4111
北杜市大泉町西井出8240-1
サンメドウズ清里センターハウス2階
平日 10:00〜16:00
土日祝 9:00〜17:00
定休日はサンメドウズ清里に準ずる

おすすめパン

焼き黒カレーパン

施設内のレストランのオリジナルカレーと「清里ミルクプラント」のゴーダチーズをぜいたくに使用

シナモンロール

外はざっくり、中はふんわり。たっぷりのアイシングとシナモンがやみつきになる

スモークチキンサンド

※季節限定メニュー

「清里ハム」のスモークチキンを使ったボリューム満点の一品。さわやかなオリジナルソースがアクセント

北杜市大泉町西井出の「Cou cou CAFÉ（ククーカフェ）」は、八ケ岳南麓に養鶏場を持つ「中村農場」が提供する良質な鶏卵、鶏肉を使った手作りサンドイッチが売り。同農場の運営会社が2016年4月にオープンした。パンは自家製で、野菜などの食材はできるだけ地元産を使うというこだわりのサンドイッチが楽しめる。

サンドイッチの「玉子」「チキン」は常時用意。店内では単品のほか、スープとドリンクが付くセットメニューがあり、持ち帰りもできる。食パンは、焼き上がったばかりはカットがしにくいため、前日までにある程度の仕込みをする。夏の観光シーズンでは、多い時で一日100食以上出ることもあるという。

中村農場の鶏卵、鶏肉は地元をはじめ、全国の料理人から高い評価を受けている。カフェでパン作りを担当するパティシエールの増田香さんは「それぞれの味が引き立つように心掛けている」と話す。

卵は黄身がオレンジ色をしたものを使い、スクランブルエッグは全卵と卵黄を混ぜた配合に自家製マヨネーズとあえる。チキンは真空調理法により、ささみのやわらかい食感を保っている。また、手作りのクリームパンはカスタードに中村農場の鶏卵を使用。クリームは、パンが焼き上がった後に詰め、生菓子感覚で提供している。

Cou cou CAFÉ（ククーカフェ）

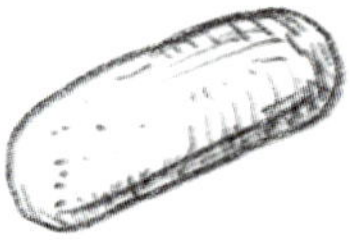

良質の地元食材使用
こだわりの手作りサンドイッチ

こだわりの手作りサンドイッチが人気の「Cou cou CAFÉ（ククーカフェ）」

1.こだわりのサンドイッチの食パンは自家製　2.テイクアウトもできるサンドイッチ。手前中央が「チキンサンドイッチ」　3.ククーカフェの外観。中村農場によるフレンチレストランと隣接している

居心地の良い空間で素材の良さ前面に

Pick up!

日の光が降り注ぐ
明るい店内

ククーカフェの「ククー」は、フランス語で親しい間柄で愛情をこめて使われるあいさつの言葉。気持ちよいあいさつを交わし、すてきな一日がおいしい一杯と始まるカフェにしたいという思いを込めて名付けたという。木のぬくもりを感じ店内は窓からやさしい日の光が降り注ぎ、テラス席もある。クリームパンはフレッシュさを大切にするため注文を受けてから用意するといい、増田香さんは「店内でお召し上がる場合はパンを温めてからカスタードを絞るので、温かさとクリームの冷たさのコントラストが楽しめる」と笑顔で話す。

おすすめパン

玉子サンドイッチ

中村農場の濃厚な卵をリッチに使用。パンも自家製というこだわりのサンドイッチ

クリームパン

中村農場の卵を使ったカスタードを自家製パンでサンド。生菓子感覚で楽しめる

スコーン

中村農場の卵を使った黄身香るスコーン。県産のフルーツジャムと共に

DATA

☎0551-45-6823
北杜市大泉町西井出8240-8306
http://lepionnier.jp/coucoucafe.html
8:00〜21:30(20:30L.O.)
7〜10月は水曜定休、
11〜6月は火曜・水曜定休
※不定休あり。
お休みはホームページに掲載

富士山麓で採取された酵母と県産小麦を使い、商品化したパン

豆知識 #01

粉と酵母

パンは「穀物の粉と水を混ぜ合わせて、酵母の発酵によって発生する炭酸ガスで生地を膨らませて焼いたもの」と定義されています。基本原料は小麦粉、酵母、塩、水です。種類によって砂糖や卵、油脂、その他の副原料を加えて作ります。パンのおいしさの秘密は、小麦粉に含まれるタンパク質の一種「グルテン」にあります。グルテンがないとパンは膨らむことができません。

小麦には硬質小麦と軟質小麦があり、小麦粉にはグルテン量によって強力粉、中力粉、薄力粉の3種類に分けられます。パン向けには一般的に一番グルテン量の多い硬質小麦の強力粉を使います。

パンは酵母が発酵するときに生成する炭酸ガスを利用して生地を膨らませます。一般のパンに使うイーストは、製パンに最も適した単一の酵母を自然界から取り出して純粋に培養した酵母の優等生。これに対し、天然酵母といわれるものは果実や穀物を発酵させ、もともとそれに付着しているさまざまな酵母や乳酸菌を自家培養した自家製パン種のことです。独特の風味が付き、個性派のパン種ということができます。

山梨県産小麦と山梨富士山酵母

山梨県内では、タンパク質を多く含み、パンに適した特性を持つ小麦の一部品種の栽培が進められています。また、県富士山科学研究所の研究で富士山麓の土壌と植物から採取された酵母に「山梨富士山酵母」があります。2016年11月には県パン協同組合や県産業技術センターなどの共同研究により、この小麦と酵母を使い産地の特長を生かしたパンを商品化しています。

（監修：山梨県パン協同組合）

@北杜市長坂町

JOICHI(ジョイチ)

カフェ・ド・ペイザン

Live&Bread CHECHEMENI company(チェチェメニ)

べいくはうすフェアリー

ベーカリー ブリエ

Mt.八ヶ岳 Bread＆Cafe

木の階段をトントントンと上がり扉を開けると、優しい笑顔のすてきなご夫婦が出迎えてくれた。北杜市長坂町のＪＯＩＣＨＩ（ジョイチ）は、店主の斎藤如一さんと奥さまの和子さんが開いているパンとケーキ、焼き菓子のお店。店内にはパリッ、ふわっとおいしそうな顔をしたパンをはじめ、上品なたたずまいをした優しい味わいのケーキ、素材を生かしたシンプルで滋味深い焼き菓子が並んでいる。

パンはすべて北海道産の小麦粉を使っている。小麦の香りを生かすフランス産サフを使った食パンやブリオッシュは、ふんわりとしていて、ちぎると優しい香りが漂う。独特の甘みを持つ白神こだま酵母を使って焼き上げた全粒粉パンやクルミパンは、外はパリっと香ばしく、中はもっちりとしていて、かみしめるほどに甘みが膨らんでいく。

ケーキや焼き菓子も北海道産の小麦粉や平飼いの卵、地元のフルーツなど、こだわりの素材を使って丁寧に作っていて、お土産やお使い物としても人気だ。

店の奥にはつい長居してしまう居心地のいいティールームもあり、コーヒーや紅茶と一緒にケーキやクッキーを味わいながら、ゆったりとした時間を楽しめる。

JOICHI（ジョイチ）

店主と奥さまの人柄が伝わる
ふんわり優しい味わい

落ち着いた雰囲気の店内に美しく並ぶパン。奥さまが選んだ作家の器やカトラリーなどのコーナーもある

1.5種類の味が楽しめるクッキーセットは、ティールームで味わえる　**2.**ちょうどいい大きさの焼き菓子は、お土産や贈答品としても人気。ナッツやクルミなど味わいもいろいろ　**3.**店の奥にあるティールーム。日の光が差し込む明るく落ち着ける空間

DATA

☎0551-32-6633
北杜市長坂町小荒間2020-6
http://joichi.la.coocan.jp/
10:00〜18:00
火曜、水曜定休
（1月第3週〜2月末までは月曜、火曜、水曜定休）

おすすめパン

食パン

バターを使わず、牛乳でまろやかに味わい深く焼き上げている。サンドイッチにもぴったり

クルミパン

全粒粉が入っている生地は、しっかりとしていて食べ応えも十分。クルミが香ばしい

花豆パン

風味豊かなブリオッシュ生地と、赤ワインときび砂糖で炊いた優しい味わいの花豆の組み合わせ。大きな花豆が中にもごろっと入っている

お客さまとともに年を重ねて

Pick up!

JOICHIが長坂町に店をオープンしたのは、今から24年前。静かな場所を求めて、千葉県船橋市で開いていたパンとケーキのお店を閉じてこの地にやってきた。「ふらっと立ち寄る立地ではないが、気に入ってくださった方が何度も来てくれるのがうれしい」。20年以上通う常連さんも多く、「お客さまと一緒に年を重ねてきているお店です」とほほ笑むご夫妻。ここのパンやケーキみたいにふんわりと優しく、気取っていないのに品があって、確かに何度も通いたくなるお店だ。

高校時代に知り合ったというお二人。その仲の良さが、JOICHIの居心地のよさをつくりだしている

カフェ・ド・ペイザン

手ごねしてまき窯で焼く
素朴な「田舎パン」

ペイザンとは、フランス語で「農夫」を意味する。その店名の通り、「カフェ・ド・ペイザン」（北杜市長坂町）が作っているのは、ヨーロッパの田舎で農夫たちが自家用に焼いていたような素朴なパンだ。

　生地はすべて手ごねで、酵母は季節の野菜やフルーツから作る自家製の天然酵母を使っている。発酵も一年を通じて常温で行い、まきをくべた石窯でじっくりと焼き上げる。

　手間暇をかけて焼いたパンは、ずっしりと重みがある。割ると小麦のいい香りがふわっと立ち、かめば甘みが口の中にじんわりと広がる。

「機械も電気も使わずに、すべて手作業で焼き上げる田舎パンです。ヨーロッパの食卓のように、スープと一緒に食べる本来のパンの食べ方で、おいしさを知っていただけたらうれしいですね」とオーナーの日野沢輝夫さん。

　ランチでは、ストウブ鍋で作る煮込み料理と一緒にパンを味わうことができる。スープにつけながら食べるパンはかみしめるほどに味わい深く、パンのおいしさをじんわりと感じさせてくれる。

パン職人の中のパン職人といえるオーナーの日野沢輝夫さん

Pick up!

たどりついたのはパンの原点

「400年ほど前のヨーロッパの田舎で焼かれていたパンに憧れて、パンを焼き始めました」という日野沢輝夫さん。岐阜県関市で人気のパン店を40年近く営み、専門学校で講師もするなど、パン職人としてその名を知られていたが、60歳を過ぎた2013年に息子さんに店を任せ、八ケ岳で新たに店を開いた。「いろんなパンを作ってきて、パンの原点に戻りました。たくさん売れるパンではないけど、作りたいパンなんです」という日野沢さんは、まさにパン職人だ。

八ケ岳の旬の野菜やフルーツを使った自家製酵母。赤大根で仕込んだ酵母は色も鮮やか

1. ランチで味わえる「ベッコフ」は、肉や野菜を煮込んだフランス・アルザス地方の家庭料理。薄く切ったパンをつけて食べる **2.** まきストーブのある店内。毎月、天然酵母のパン教室も開いている

まきをくべた石窯でパンを焼く。昔ながらのシンプルで素朴なパンだ

DATA

☎0551-45-7985
北杜市長坂町大井ヶ森1176-856
http://cafe-paysan.com
8:30〜17:30
月曜定休

おすすめパン

カンパーニュ

「ペイザン」を代表するパン。地元・八ケ岳の小麦粉に全粒粉をブレンドした生地は香りがよく、甘みも強い

ポルカ

北海道産の小麦粉と自家製酵母を使ったパン。外はカリッと、中はもちっと。ポルカとは格子状に切るという意味

季節野菜のフォカッチャ

カンパーニュ生地に季節の野菜をのせて焼き上げた。味付けはオリーブオイルと塩のみ。シンプルだからこそ素材のおいしさが際立つ

古民家を生かした「Live&Bread CHECHEMENI company(チェチェメニ)」(北杜市長坂町)は富士川町から移転し、2017年6月にオープンした。国産小麦、自家製天然酵母だけを使い、パーカッショニストでもある店主が焼き上げている。食材は「なるべく安心安全なもの」を心掛け、シンプルなパン本来のおいしさを追求している。

佐藤慶吾さん、亜由美さん夫婦が切り盛りしている。二人とも埼玉県出身。店名はミクロネシア・サタワル島の伝説のカヌーに由来し、店主の実家の屋号(洋食店)でもあるという。慶吾さんはパティシエなどの経験がある。亜由美さんは20代のころ音楽活動のストレスなどから体に不調を覚え、「食生活を自然な方向へ切り替えていった」と話し、お店のスタイルにつながっている。

パンはハード系が基本で、20～30種類が店頭に並ぶ。ただ、ハード系でも柔らかく食べやすいように、酵母を使い分けたり、パン生地に炊いた米や麹を入れたりと工夫を凝らす。パンと焼き菓子は、植物性原材料だけで焼き上げる。慶吾さんは「余計なものは極力入れない。それでも食べた瞬間にチェチェメニと分かるパンを目指している」と力を込める。

Live&Bread CHECHEMENI company(チェチェメニ)

自家製天然酵母使用
パン本来のおいしさ追求

1.店頭にはハード系を基本に20～30種類のパンが並ぶ　**2.**古民家を生かしたチェチェメニの外観

Pick up!

おやつ屋さんの店舗引き継ぐ

佐藤さん夫妻は東日本大震災後に神奈川県から峡南エリアに移住し、2013年、富士川町にお店をオープンした。北杜市の現店舗は、以前はおやつ屋さんとして友人が経営していた。「地元にファンが多かった草もちはレシピを引き継いだ」と亜由美さん。住居兼用のイートインコーナーは居間でもある。慶吾さんは「ゆくゆくはミニライブなどを開き、パンを食べながら人が集うスペースにしたい」と語る。

住居の居間としても使っているイートインコーナー。棚では自然食品も扱っている

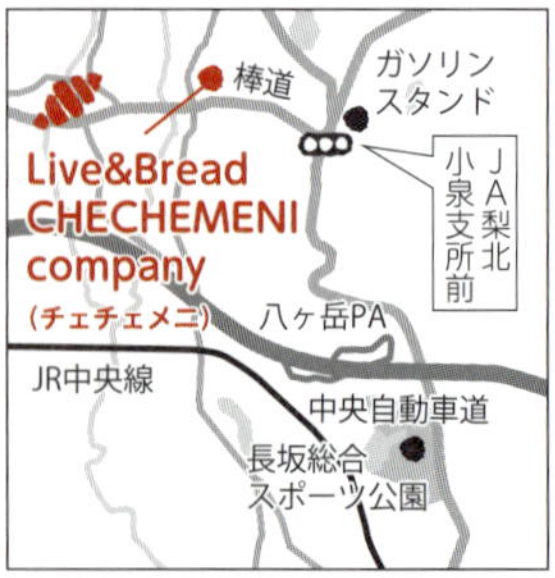

DATA

☎0551-45-6303
北杜市長坂町白井沢3764
10:00～17:00(売り切れ次第終了)
日～水曜 定休
(営業日も出店等でお休みの場合あり)

佐藤慶吾さん、亜由美さん夫婦が切り盛りしている「Live&Bread CHECHEMENI company(チェチェメニ)」

数量限定で天然酵母を使ったテイクアウトピザ(チーズ使用)の販売も

おすすめパン

メランジェ

山ブドウとクルミを使った定番パン。山ブドウが甘味と酸味を、クルミが油分を補い、コクのある味わい

ココナッツカンパーニュ

ココナッツ風味の自然な甘味を感じるカンパーニュ。トーストすると香りが立つ

豆乳ブレッド

有機豆乳を使用、トーストするとサクサク食べられる。子どもにも人気

サボなどの人気のパンは、一日に数回焼いている「べいくはうすフェアリー」

べいくはうすフェアリー

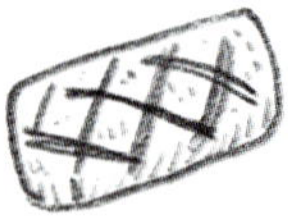

「くりーむパン」を求めて
県内各地からリピーター

中央自動車道長坂インターチェンジ（ＩＣ）のすぐ近くにある、レンガ造りのすてきなたずまいが目を引く「べいくはうすフェアリー」（北杜市長坂町）。ドアを開けると、パンの焼けるいい匂いとともに、おいしそうな顔をしたたくさんのパンが目に飛び込んできた。

広めの店内に並ぶパンは約60種類。食パンやクロワッサン、フランスパンなどの定番をはじめ、イチゴや春菊、あけの金時など地元の旬の食材を使ったさまざまなパンが並ぶ。「すべてのパン生地に前日から仕込んで熟成させた種を使用しています。小麦のうま味を感じてもらえると思います」と店主の立花和典さん。

なかでも人気なのが、「くりーむパン」と「サボ」だ。くりーむパンは地元の平飼い卵と八ケ岳牛乳を使ったクリームを、焼き上げたパンにたっぷりと後入れしている。その量は驚くほどで、一口食べるととろりとしたクリームがこぼれ落ちそうになる。サボはフレッシュバターをおり込んだデニッシュ生地に、京都の老舗あんこ店のつぶあんを練り込んでいる。バターとあんこの絶妙な配合から生まれる味わい深いパンだ。どちらも2004年の開店当初から人気で、地元はもちろん、県内各地から多くのリピーターが訪れている。

「パンでみんなを笑顔に」店名と看板に思い込める

Pick up!

店名で、お店の看板にも描かれているフェアリー。妖精の意味を持つその名には、立花和典さんのある思いが込められている。それは、「僕の作ったパンでみんなを笑顔にしたい」というもの。妖精が小さな魔法をかけるように、フェアリーのパンがみんなを笑顔にすることを願って付けられた。また、パンの価格プレートには原料は記されているが、こだわりについては一切書かれていない。それは「頭で食べるのではなく、一口食べておいしいと感覚的に思ってもらいたい」という思いから。お客さんの笑顔が、立花さんのパン作りの原点だ。

店の看板には、小麦の穂にのった妖精が描かれている

たくさんのパンが並ぶ店内

DATA

☎0551-32-5106
北杜市長坂町大八田354-2
9:00〜18:00
月曜定休（不定休有り）

1.原料と価格だけが記されているシンプルなプレート。これも店主のこだわり　**2.**店内は木のぬくもりが感じられる優しい雰囲気

おすすめパン

くりーむパン

シューポンプで後入れしたクリームがたっぷり。フェアリーの一番人気

サボ

あんことバターの組み合わせでもあっさりとしていて、ぺろりと食べられる

フランスパン

やわらかめの皮が食べやすく、中はもっちりとした食感で小麦のうま味が味わえる

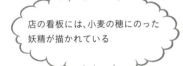

ベーカリー ブリエ

選ぶ楽しみいっぱいの
町のパン屋さん

ベーカリー ブリエは、中央自動車道長坂インターチェンジ（ＩＣ）近くのショッピングセンターきららシティ（北杜市長坂町）内にあるパン屋さん。買い物客をはじめ、多くの人が気軽に訪れることができる町のパン屋さんで、オープン以来17年間、地域で愛されている。

店に並んでいるパンは約70種類。オープン時から人気を集め続けている絹生食パンやカレーパン、クリームパンなどのおなじみのパンを中心に、塩パンやランチに人気のピザ、季節の素材を使ったものなど選ぶのも楽しい。毎日午前11時を目安に全種類が店頭に顔をそろえ、人気のピザやカレーパンなどは一日に4回焼くこともあり、焼き立てを味わうことができる。

「みなさんに長く愛されるパンを作りたいと思い、真面目なパン作りをしています。毎日変わらぬ味を提供するために、研究にも取り組んでいます」と話すのは製造チーフの丸茂昌徳さん。国産小麦に生イーストとドライイーストを使い分けながら焼き上げるパンは、どれもふっくらとしてやわらかい口当たり。さらにおいしさを求めて、温度や時間の徹底管理はもちろん、パンの種類に応じたベストなミキシングの仕方など、日々研究を重ねている。

店の正面には季節の素材を使ったパンや新作が並ぶ

DATA

☎0551-32-8144
北杜市長坂町大八田160 SCきららシティ内
4〜9月 9:00〜20:00
10〜3月 10:00〜20:00
元日と2、6、11月の第3水曜が休み

おすすめパン

絹生食パン

生クリームをふんだんに使った、口どけよくなめらかなのにもっちりとした食感。県外からわざわざ買いに来るファンもいる

ピザ

ミックス、あらびきウインナーとポテト、シーフード、バジルトマトの定番4種類に、週末は照り焼きチキンが加わり５種類に。ボリュームもあり、ランチに人気

カリカリビーフカレーパン

外はカリカリ、中はもっちり。具がたくさん入っていてボリューム満点で、クセになるおいしさ

毎月4種類の新製品が登場

Pick up!

新作にも力を入れているブリエでは、毎月4種類ほどの新製品が店頭に並ぶ。年配のお客さまが多いということで、食べやすく親しみやすいパンを中心に新作に取り組んでいる。定番パンもさらなるおいしさを求めて改良を重ねていて、最近改良したホテルブレッドは一躍人気商品へと生まれ変わった。また新たに若い世代向けのパンも開発。「明太子やチキンなどを使った食べ応えのある新作パンも続々と出していく予定なので、ぜひのぞいてみてください」と丸茂昌徳さん。

1.改良して人気商品となったホテルブレッド **2.**焼き上がったばかりの人気の塩パン **3.**オープン時から人気の絹生食パンも一日に数回焼いている

焼きたてのパンが味わえるパーキングエリア（PA）の先駆けとして知られる中央自動車道八ヶ岳PA下り線（北杜市長坂町）。2012年のリニューアルに伴い、パンコーナーも「Mt・八ヶ岳 Bread&Cafe」に店名を変更。クロワッサンに特化していたレパートリーも、調理パンなどを加えて約30種類に増やした。ただ当時のクロワッサンの味は守り続けていて、根強いファンが数十個単位で購入していくことも。バターのリッチな風味が香る定番をはじめ、バニラやチョコ、はちみつ、あんこのほか、アプリコットなど季節商品も人気だ。

店のコンセプトはずばり「八ケ岳」。形、色、ボリュームなどPAの間近にそびえ立つ雄大な八ケ岳をイメージしているという。地元で取れた野菜や卵など素材にもこだわり、中でも、「Mt・八ヶ岳燻製工房」（北杜市）のフランクフルトやベーコンとコラボしたオリジナルパンは食べごたえのある逸品だ。北杜市産の小麦を使ったトーストを店内で食べることもできる。「おいしいパンで、ドライブの疲れを癒やしてほしい」とパンコーナー担当の三井友美さん。併設するカフェの本格コーヒーと一緒に味わえば、思い出深い旅のひとこまになる。

Mt.八ヶ岳 Bread & Cafe

中央道PAで味わう焼きたてのパン

店舗と隣接する厨房から常時、焼きたてのパンが運ばれる

バラエティー豊かなパンで幅広い客層に対応

Pick up!

観光客や家族連れ、トラックドライバー、通勤客など多彩な利用客が訪れるPA内のお店として、バラエティーに富んだ品ぞろえにこだわる。クロワッサン7種類をはじめ、「Mt.八ヶ岳燻製工房」とコラボしたがっつり系、年配の観光客らが好むドライフルーツを使ったパンを充実するなど、幅広い層に対応している。地元の高原野菜がぎっしり詰まったヘルシーなピタパンサンドやシュークリームは女性客に人気だ。期間限定商品も多く、お土産にもピッタリ。

1.地元の高原野菜をふんだんに使ったピタパンサンドやシュークリームなども販売　**2.**PAの一角にある店舗。カフェコーナーを併設している　**3.**人気のクロワッサンは定番や季節商品など7種類

中央自動車道八ヶ岳PA下り線内の「Mt.八ヶ岳 Bread & Cafe」では焼きたてのパンと本格コーヒーが楽しめる

おすすめパン

職人のベーコンボード

ブラックペッパーでうま味を引き出した「Mt.八ケ岳燻製工房」の厚切りベーコンをフォカッチャ生地で包んだ

職人のフランクロール

バジルとガーリックが効いた「Mt.八ケ岳燻製工房」のシポラタフランク1本をぜいたくに使用。パンチのある辛さのチョリソーもある

山脈塩(やまじお)メロン

「尾白の湯」(北杜市)の源泉を煮詰めて抽出した塩を使ったほんのり塩味のメロンパン

DATA

☎0551-32-3741
北杜市長坂町大八田6811-155
中央自動車道八ヶ岳PA下り線内
6:00〜22:00
定休日なし

豆知識 #02
世界各国のパン

世界各国には、さまざまなパンがあります。その一部を紹介します。

ドイツ

ミッシュブロート

ドイツでは小麦を収穫するのが難しかったため、パンはライ麦を使ったものが主流。ライ麦と小麦を混ぜ合わせたものをミッシュブロートと言います。薄くスライスしてハムを挟んで食べます。

イタリア

フォカッチャ

「フォカッチャ」とは、イタリア語で「火で焼いたもの」という意味。何もトッピングしないものやオリーブ、香辛料をトッピングしたものなど幅広くあります。

イギリス

イングリッシュブレッド

ふたなしの食パン型に入れて焼いた山型食パン(イギリスパン)。

デンマーク

デニッシュペストリー

折り込みパイと同じように油脂を生地で包み込み、折り込みをします。サクサクとした食感のリッチなパン。

日本

アンパン

現在の銀座木村屋総本店が明治7(1874)年、酒種発酵生地を開発し考案したというパン。

フランス

バゲット

フランスパンの代表格。細長いので皮の部分が多く、中身よりも皮が好きという人向け。いわゆる「フランスパン」はバゲット以外にも大きさや形によってパリジャン、バタールなどさまざまな種類があります。

パン・ド・カンパーニュ

フランス語で「田舎のパン」を意味し、フランスの田舎では家庭で手作りされているという素朴な風味のパン。大ぶりで丸形や卵形に成形されるものが多いです。

クロワッサン

バターを十分に使い、三日月形に焼いたパン。

(監修:山梨県パン協同組合)

@北杜市高根町

- パン工房レストラン megane(めがね)
- ブレドオール
- 清泉寮パン工房
- Cafe清里フィールドマジックパン工房
- ぶーこっこ
- 自家栽培麦工房ナチュ
- びーはっぴぃ
- ごりらのパン屋さん
- 天然酵母のパン ろくぶんぎ
- 安《あ》都《つ》玉《たま》製パン

北杜市高根町のパン工房レストラン「megane（めがね）」は、清里高原の自然の中に溶け込むようなたたずまい。間近に迫る八ケ岳を眺望できる。建物はほとんどが手作りといい、穏やかな空間が訪れる人を優しく包み込む。

　オープンは2016年4月。川瀬則雄さん、真美さん夫妻が二人で切り盛りする。則雄さんはレストランの調理も担当する。「奇をてらわず、いい材料でシンプルに」がコンセプト。則雄さんは「食事パンがメイン。種類は多くないけれど、日常の食卓で食べてほしい」と話す。

　パンは、食パン、ハード系、ドーナツなどの甘いパン各2種類程度。パン・ド・カンパーニュとハードトーストは、はちみつとコメから起こした天然酵母を使う。午前4時ごろから焼き始め、開店後の10時ごろが、一番品ぞろえがいいという。

　店内では、ダイニングもしくは土間でくつろぐことができ、モーニングとランチを楽しめる。モーニングはホットサンドなど日替わり500円から、地域の野菜などその日の食材を使ったランチはパン付きで1600円から。

パン販売とモーニング、ランチが味わえる
パン工房レストラン「megane」

二人の思いが詰まった空間

Pick up!

川瀬さん夫妻のトレードマークはメガネで、店名は「一度聞いたら忘れないと思い付けた」(則雄さん)という。二人は都内のパン店で働いていた時に出会い、則雄さんはフレンチ料理店で、真美さんは洋菓子店などでも修業。独立する直前の3年間は夫婦で都内のお店を任されていて、それらの経験が存分に生かされている。真美さんは北杜市高根町出身で、店舗の建物は父親が20年以上かけて趣味で造った。

手作りという建物は自然の中に溶け込むようなたたずまい

1.日替わりのランチは肉、魚などから選べる。ボリューム感があり、野菜は地元の食材を使うことが多い　2.まきストーブのある土間は靴のまま利用でき、モーニングやランチを楽しめる

パン工房レストラン megane(めがね)

よい材料でシンプルに「日常の食卓に並べてほしい」

川瀬さん夫妻のトレードマークはメガネ

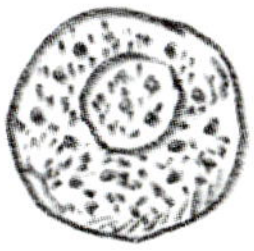

DATA

☎0551-45-9565
北杜市高根町清里3545-5553
https://www.megane-kiyosato.com/
7:30〜17:00(季節により変動あり)
火曜と第1、第3月曜定休
(季節により変動あり)

おすすめパン

角食パン

きめ細かく口どけがいいのが特長。サンドイッチやトーストなど使い方は万能

ハードトースト

しっかりした食感で風味も強い。かめばかむほど味わい深い食パン。厚切りトースト向け

ドーナツ

仕上げに使うのは、きび砂糖のみ。優しい甘さと、もちもちとした食感が特長

瀬口和男さんが動き始めるのは毎日午前0時。じっくりと時間をかけて焼き上げるパンは味わい深い

ブレドオール

ハード系が人気の老舗パン屋さん

JR清里駅からほど近いところにあるブレドオール（北杜市高根町）は、この地に店を構えて30年の老舗パン屋さん。昔からブレドオールといったら、ハード系のパンが人気だ。バタールをはじめとするパンはどれもオープン当初から変わらない味わい。小麦粉、塩、水、イーストのみのシンプルな素材でじっくりと時間をかけて作るフランスの伝統的製法で仕上げいて、かみしめるほどに小麦の風味がふんわりと広がる。

「シンプルで飽きのこない、食事に合うパンを作っている。毎日食べる白いご飯みたいに、主張しすぎないけどそのものがおいしいパン。素材がシンプルだからこそ、作り手の腕やこだわりが出ると思う」と店主の瀬口和男さん。

メロンパンやカレーパンなどの菓子パンも充実していて、中でも人気のクリームパンとクリームチーズに入っているカスタードクリームは、八ケ岳の牛乳をふんだんに使って手作りしているオリジナル。昔からの定番でファンも多い。

朝9時にオープンし、朝食用に焼き立てのパンを求めて訪れる常連客も多い。早い時には昼過ぎには少なくなってしまうので、お目当てのパンはお早めに！

光と風が気持ちいいテラスでのんびり

Pick up!

メイン通りから路地を入ったところにあるブレドオールは、周りを木々に囲まれた静かな場所にある。かわいらしい店舗の横には心地いいテラス席もあり、緑がきれいな季節はコーヒーと一緒にパンを食べていくお客さんも多い。気持ちのいい風と日差しを感じられ、のんびりと過ごせるとっておきの空間。ワンちゃんもＯＫなので、散歩の途中に訪れたり、遅めの朝ごはんを楽しんだり、観光中にひと休みしたりと、来店者は思い思いのひとときを楽しんでいる。

ワンちゃんと一緒に、テラスでコーヒータイムも楽しめる

1.避暑地を思わせるすてきな外観の店舗。お客さまとの会話も弾む
2.昔から愛されているクリームチーズ

フルーツと砂糖だけで手作りしているジャム

DATA

☎0551-48-3150
📍北杜市高根町清里3545
🕘9:00〜16:00
🏠水曜、木曜定休

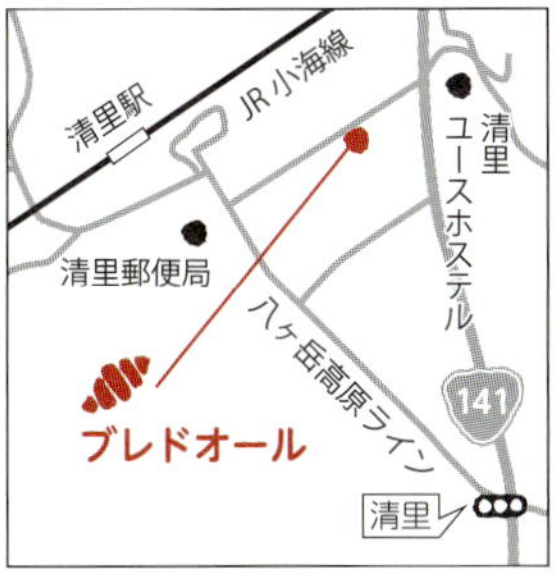

おすすめパン

角食パン

外はカリッとしっかり、中はきめ細かくしっとり。重めでしっかりしていて、トーストでもサンドイッチでもおいしい

バタール

シンプルな素材でじっくりと時間をかけて焼き上げている。どんな食事にも合わせやすい素朴な味わい

いちじく＆オレンジ

ライ麦と全粒粉を混ぜ込んだカンパーニュ生地に、ドライいちじくとオレンジピールがたっぷり

清里高原の緑が広がる牧草地にある清泉寮パン工房（北杜市高根町）は、清泉寮が運営するパン屋さん。自家製の野菜酵母と有機小麦粉、五島列島の天然塩、八ケ岳の湧水など選び抜いた素材を使ってじっくりと焼き上げているパンは、どれも素朴で深い味わい。「パンに不可欠なものだけを選び抜いて作っているので、素材そのものの味わいを楽しんでもらえると思います」と長谷智弘店長は自信を見せる。

店内には40種類ほどのパンが並び、古代小麦を使ったバゲットやカマンベールを丸ごと入れたパンなど、珍しいパンもある。手作りのジャムも販売していて、八ケ岳周辺で収穫される旬の果物と砂糖だけを使い、無添加で丁寧に作っている。また店内では有機果実ジュースやドライフルーツ、清泉寮オリジナルのバターケースなどの雑貨も販売していて、人気を集めている。

店の周りには牧草地が広がり、八ケ岳をはじめ、富士山や北岳、金峰山などを見渡すことができる最高のロケーション。テラス席もあり、隣の牧草地で草をはむ子牛たちを眺めながら、のんびりとパンを味わうのもおすすめだ。

清泉寮パン工房

厳選素材で焼き上げ
シンプルな味わい深いパン

古代小麦を使ったバゲットなど、厳選した素材のこだわりのパンが並ぶ清泉寮パン工房

おいしさの秘密は有機ジャージー牛乳

Pick up!

清泉寮パン工房で一番人気のジャージーミルクパンのおいしさの秘密は、清泉寮ジャージー牧場で放牧飼育されているジャージー牛の有機牛乳。水の代わりに有機牛乳をたっぷりと使って焼き上げているミルクパンは、しっとりふんわりやわらかく、一口食べるとミルクの香りと優しい甘みが口いっぱいに広がる。有機牛乳で作ったミルクジャムも、ここならでは。キャラメルのような風味豊かな味わいで、クセになるおいしさだ。有機ジャージー牛乳はイートインのドリンクメニューにあるので、テラス席で景色を楽しみながら味わうことができる。

清泉寮パン工房ならではの
味わいのミルクジャムは、
お土産としても人気

店舗の奥にある厨房で
次々とパンが焼き上げ
られていく

1.ハード系のパンが充実している **2.**清里高原の緑が広がる牧草地にある清泉寮パン工房

DATA

☎0551-48-4447
北杜市高根町清里3545
9:00〜17:00
定休日なし
（冬季は店舗向かいの清泉寮ファームショップで販売）

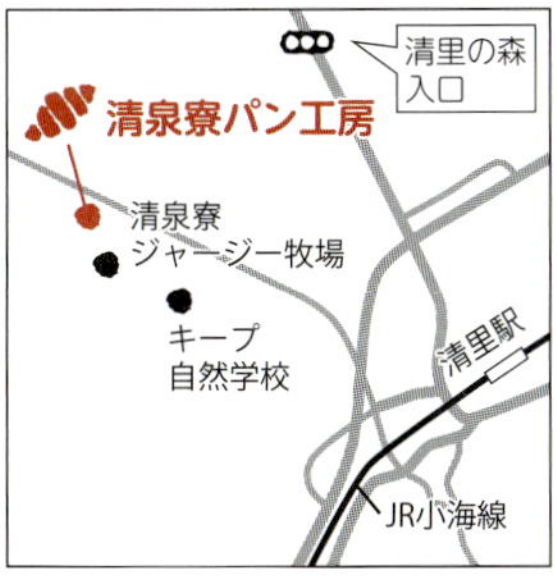

おすすめパン

ジャージー ミルクパン

低温殺菌の有機ジャージー牛乳を使用。ふんわりと軽く、そのままでいくらでも食べられそうなおいしさ

ハーベスト カレーパン

清泉寮のショップオリジナルのカレーをパン用にアレンジし、ハード系のパンで包んでいる。動物性の素材は一切使っていないのに、食べ応え十分

くるみレーズン パン

くるみとレーズンをぜいたくに使っている。あえて膨らませず、ずっしりと重いパンに焼き上げている

清里の牧歌的な風景の中でパンが味わえる「Cafe清里フィールドマジックパン工房」

Cafe清里フィールドマジックパン工房

八ケ岳の湧水で仕込む 風味豊かなパン

清里高原の牧歌的な風景にぴったりな外観が目印の「Cafe清里フィールドマジック」（北杜市高根町）。小淵沢町で馬術関係の仕事をしていた齋藤茂樹さん、明子さん夫妻が1997年にオープンした軽食と雑貨のお店だ。食事と一緒にふるまっていた手作りパンが好評だったため、敷地内にパン工房を増設した。

現在は、パン工房、カフェともに土曜、日曜のみの営業だが、ドイツや国内のホテルなどで修業したパン職人が、八ケ岳の湧水で仕込むパンが人気を集めている。天然酵母のパンをはじめ、菓子パン、総菜パン、ハード系など40〜50種類を販売。ふわふわ、もちもち、ずっしり系など、生地の多彩な食感と風味がパン好きの心をくすぐる。オープン当初から手掛ける竹炭パンや地元の旬の素材を使ったパンもあり、昼過ぎには完売してしまう日もあるという。「おいしい水と空気で作ったパンを楽しんで」と齋藤さん夫妻。その温かい人柄に引かれて訪れるリピーターも多い。

カフェでは、カレーやパスタなど軽食と併せて焼きたてのパンを提供している。テラスの向こうは一面のレタス畑。茂樹さんが手がけたツリーハウスもある。日常の喧《けん》騒《そう》を忘れさせる空間でゆったりと味わうパンの味は格別だ。

ロングセラーの竹炭パン「くろ助シリーズ」

Pick up!

Cafe清里フィールドマジックパン工房で18年間、不動の人気を誇るのが、漢方薬にも用いられているパウダー状の竹炭を生地に練り込んだ「くろ助シリーズ」。ベーグル、イギリス、「ペーターの黒パン」などがあり、どれも口当たり滑らかで、ほんのりとした甘さが広がる。バターを付けてもおいしい。「竹炭には整腸作用があるので、リピーターが多いんですよ」と齋藤茂樹さん。「見た目に驚かないで、食べてみてほしい」と話している。

ほんのりと甘く、口当たりなめらかな竹炭パン

1.バラエティー豊かなパンは選ぶのも楽しい　**2.**やさしい笑顔で出迎えてくれるオーナーの齋藤さん夫妻　**3.**清里の緑に溶け込むような外観

DATA

☎0551-48-3180
北杜市高根町清里3487-2
10:00〜16:00(パン工房)
土曜、日曜、GW、お盆期間のみ営業

おすすめパン

クルミとレーズンのルヴァン

天然酵母を使った一番人気のパン。ラム酒に漬け込んだレーズンと大きめにカットされたクルミが風味を醸す

ビーツのピンクのパン「祝福」

北杜市産ビーツを使用。ピンク色とコロンとした形状がかわいらしく、結婚式にも使われている

バゲット・テノワール

フランス産小麦を使った軽い食感のバゲット。シンプルな味わいでどんな食事にも合わせやすい

ぶーこっこ

「小麦の味そのままに」作業所の製品も販売

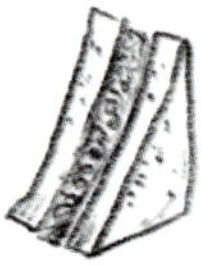

北 杜市高根町の障害者支援施設、あさひ福祉作業所の一角にある小さな売店「ぶーこっこ」。オープンした20年前、作業所内でブタと鶏を飼育していたことから、この店名が付けられた。

南アルプスの山々を望む厨房から運ばれるパンは、長野県産小麦を使い、天然酵母で焼き上げている。「小麦の味そのままを楽しんでほしい」と代表の島武代さん。もっちりとした食感の生地は、かむほどに小麦の甘みとうまみが広がる。

定番の食パンをはじめ、オーガニックのドライフルーツを練り込んだフルーツパンやクルミパンは、ずっしりしていて素朴な味わい。このほか、ピザ、あんぱん、パウンドケーキ、シフォンケーキなど11種類が店頭に並ぶ。

パウンドケーキや菓子パンには、作業所内で平飼いされている鶏の新鮮な卵を使用。野菜や果物もできるだけ作業所や近隣で収穫されたものを使うよう心掛けている。店内では、卵や自家製みそ、無農薬米など作業所の製品も販売している。

敷地内で平飼いされている鶏

飼料からこだわった平飼い卵を使用

Pick up!

あさひ福祉作業所は障害者の就労の場として、島武代さんと夫の故充弘さんが1997年に開所した。パウンドケーキや菓子パンなどに使われている「あさひの卵」は、作業所内で平飼いされている鶏の有精卵。国産米と非遺伝子組み換えトウモロコシをブレンドするなど、飼料からこだわって生産している。

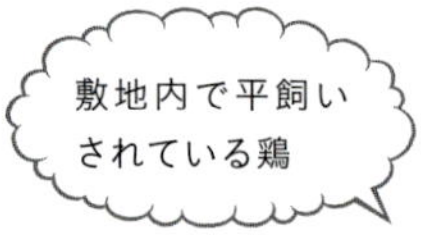

1.平飼い卵を使ったパウンドケーキやシフォンケーキ、スコーンも人気　**2.**季節の野菜や果物も並ぶ　**3.**あさひ福祉作業所の一角にある小さな売店

DATA

☎0551-47-3950
北杜市高根町村山北割86-6
http://www.asahi-teresa.com/
10:00〜18:00
日曜定休

おすすめパン

フルーツパン

オーガニックのレーズン、クルミ、イチヂク、オレンジピールをぜいたくに使用

クルミパン

たっぷり練り込んだ香ばしいクルミと生地のバランスが絶妙

食パン

全粒粉を20%配合。小麦粉と全粒粉が凝縮された豊かな風味が特長

パンをはじめ、作業所の製品や自然食品などを販売する「ぶーこっこ」

自家栽培麦工房ナチュ

夫婦で二人三脚
「生地の風味を楽しんで」

田園風景が広がる北杜市高根町村山北割地区に、土日にだけ開店する小さなパン店がある。川村雅章さん、めぐみさん夫妻が営む「自家栽培麦工房ナチュ」だ。パンに使用する小麦はすべて雅章さんが栽培し、その日使う分だけを製粉している。パンを焼くのはめぐみさん。自家製の小麦粉は扱いが難しく、レシピを確立するのに苦労したというが、「自家栽培した小麦のパンは、香りと甘みが格別。生地の風味を楽しんでほしい」と胸を張る。

雅章さんが農作業の合間に約2年かけて建てたという店舗には、食事パン、総菜パン、菓子パンなど約20種類が並ぶ。季節によって、具材に自家栽培の無農薬野菜も使っている。手作り感のある素朴なパンは種類ごとに小麦のひき方を変えていて、じっくりと生地をかみ締め、北杜市の大地が育んだ小麦の風味を堪能したい。

この土地の風景が気に入り、12年前に静岡県から移住した川村さん夫妻。当初、雅章さんは部品加工の仕事をし、めぐみさんは北杜市内のパン店でアルバイトをしていた。「農業がやりたいね。それなら、小麦を作ってパンを焼こうか」──。そんな会話から夢が膨らみ、同店をオープンしたのは2015年。今後はサンドイッチの販売や、景色とパンを一緒に楽しめるイートインスペースの設置も予定している。夫婦二人三脚で着実にステップを踏んでいる。

Pick up!

お店周辺に小麦畑
栽培から製粉、製パンまで一貫

お店の周辺にある畑約5000平方メートルで、「ナンブコムギ」「春よ恋」という品種の小麦や、ライ麦などを栽培。11月に種まきをしてから4回麦踏みをして、強く、収穫量の多い麦を育てている。「粉がうっすら黄色いことが、ひきたての証し。製粉するときの摩擦熱によっても風味が損なわれるので、できるだけゆっくりひいている」と川村雅章さん。小麦へのこだわりを、めぐみさんが形にしている。

自家製粉の小麦粉（右）と、製粉前の小麦

1.店内には食事パン、総菜パン、菓子パンなど約20種類が並ぶ　**2.**豊かな香りと甘みが特長の自家製小麦粉のパン　**3.**川村雅章さんが手作りした店舗。左は自作のピザ窯

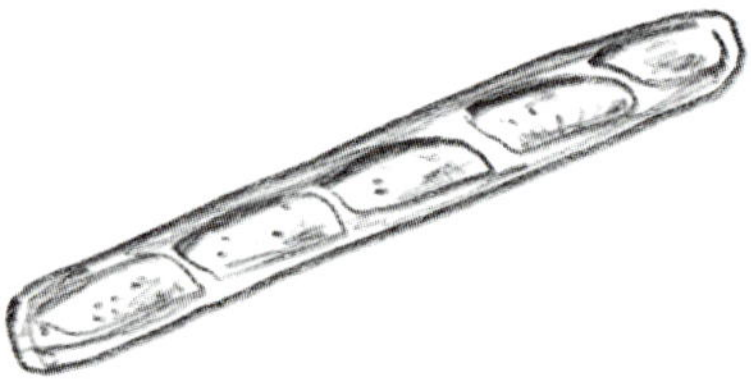

川村雅章さんが栽培した小麦で、妻めぐみさんがパンを焼いている自家栽培麦工房ナチュ

DATA

☎090-4857-6646
北杜市高根町村山北割1803
土日のみ営業
10:00〜売り切れ次第閉店

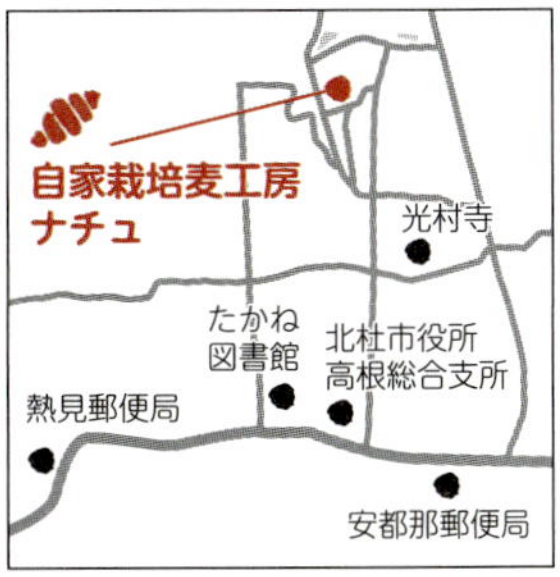

おすすめパン

食パン

ふすまが入った白くない食パン。小麦の甘みがしっかりと感じられる

Wクリームパン

甘さ控えめの自家製カスタードクリームと酸味のあるクリームチーズをふわふわの生地で包んだ

エピ

燻したベーコンと粒マスタードがアクセント。かた過ぎず、食べやすい

冬は暖炉の暖かさがじんわり伝わる店内。パンのほか、自然食品やフェアトレードの商品なども並ぶ

びーはっぴぃ

パティシエ夫婦による多彩なパン 材料はアレルギーに考慮も

「心も身体も大地も喜ぶ幸せパンがコンセプト」。吉田広晴さん、知子さん夫妻が営む「びーはっぴぃ」(北杜市高根町)。東京や神奈川の洋菓子店でパティシエをしていたという吉田さん夫妻が１９９９年に移住してオープンした。自分たちの店を持つ夢をかなえるとともに、子どものアトピー性皮膚炎を改善したいという思いからだった。「作る人、食べる人、そして大地にも、やさしくて安心な材料を使っています」と口をそろえる。

生地に使うのは、山梨県産小麦「ゆめかおり」など国産小麦と天然酵母、天日製法の塩。食パンやフランスパンといった素材の味を生かしたシンプルなパンから、スイーツのように繊細な味わいのパン、タンポポコーヒーなど意外な素材を取り入れた独創的なパンまで、常時25種類を販売している。アレルギーを考慮し、卵や乳製品を使わない菓子パンや焼き菓子も多数そろっている。

「大地の恵みパン」「絶妙あんぱん」「幻のシュークリーム」などユニークなネーミングにも注目。昔懐かしい対面型のショーケースで、名前の由来をたずねながらパンを選ぶのも楽しい。

自然食品で知識学ぶ
パン作りに反映

Pick up!

「こんにちは！」。扉を開けると、明るい笑顔で出迎えてくれる吉田さん夫妻。息子さんのアトピー性皮膚炎の症状を改善するため、自然食品やマクロビオティックについて独自で学んだ経験をパンやお菓子作りに反映させている。店名の通り、商品の一つ一つに「みんなが幸せになってほしい」という願いが込められている。

1.木の温もりを感じさせる外観 **2.**「お客さまとの会話を楽しみたい」と対面型ショーケースに並べているパンは、ネーミングや説明書きがユニーク **3.**パティシエの経験を生かして知子さんが焼くクッキーやスコーン、パウンドケーキなども絶品

おすすめパン

パンde蒸しパン

材料にパンを使った食べごたえのある蒸しパン。イチゴやカボチャなど味は季節によって変わる

雪だるまパン

笑顔の雪だるまの中に豆乳で作ったチョコレートクリームが入っていて、子どもに人気

ラムダマンドパン

ラム酒シロップを浸したフランスパンにアーモンドクリームを絞って焼いたケーキ風のパン。紅茶やコーヒーのお供に

DATA

☎0551-47-5139
北杜市高根町東井出1340-6
9:00〜18:00
日曜、月曜定休

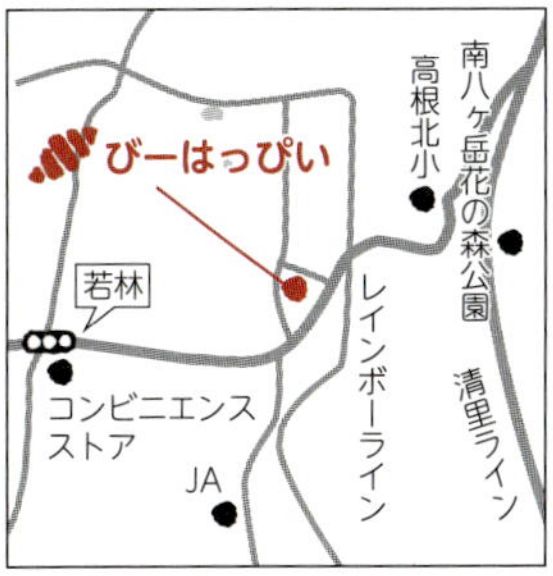

鳥のさえずりがこだまする、森の中のパン店「ごりらのパン屋さん」（北杜市高根町）。店主の中山将基さんと妻・幸子さんが自然素材にこだわりながらパンを作っている。

パンは20～30種類。ドライフルーツやナッツ類をふんだんに使っているのが特徴だ。人気商品「実ｍｉｎｏｒｉ」は、レーズンといちじくと4種のナッツがぎっしり入り、食べ応え満点。ナツメヤシの実とビターチョコレートが入った「デーツとビターチョコ」は、ねっとりとした食感のデーツとチョコレートの風味が見事にマッチしている。

すべてのパンに使用する酵母は、ブナの原生林で知られる白神山地で採取された「白神こだま」。天然のトレハロースを含み、発酵力が強いため、ほのかな甘みをおび、弾力のあるパンに仕上がるという。小麦は北海道産と山梨県産を使用。水は敷地内の井戸からくみ上げた天然水、塩ときび糖は沖縄県産を使っている。将基さんは「子どもからお年寄りまで安心して召し上がっていただきたい」と、材料へのこだわりを示す。

甲府市出身の将基さんは都内で7年間パン職人として修業。北杜市の風土を気に入り、２００６年5月に同店をオープンした。「ここは自然が豊富で、天然の恵みにあふれている。パン作りにぴったりの場所」と目を細める。

ごりらのパン屋さん

自然素材にこだわり
ボリューミーが売りの「森のパン店」

店名の由来を「僕のあだ名『ごり』から取りました」と説明する中山将基さんと、妻の幸子さん

木々に囲まれた店舗

7月にリニューアルオープン　Pick up!

一時期は店舗の改装に伴い、移動販売と注文販売のみを行っていた。2017年7月にリニューアルオープンしてからは、店舗でパンを購入でき、新しくなったウッドデッキでパンを味わうこともできる。現在は注文が入った時のみ販売している石窯ピザも今後、本格化する予定。パンと同様、ピザ生地にも白神こだま酵母を使用している。高温の石窯で焼いたモチモチ食感のピザにも人気が集まりそうだ。

1.ドライフルーツやナッツ好きにはたまらない商品がずらり　**2.**漬物との組み合わせがユニークな「いぶりがっことクリームチーズ」　**3.**ピザを焼く石窯

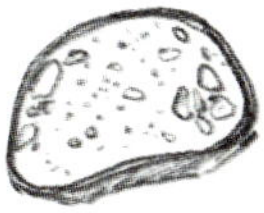

DATA

☎0551-47-2217(FAX兼用)
北杜市高根町東井出4986-160
10:00〜 売り切れ次第終了
金曜、土曜、日曜、祝日に営業
(12月中旬から2月末までは冬季休業)

おすすめパン

ソフトフランス

パン生地のベースとなる、塩と砂糖、水のみのシンプルなパン。外はパリッと、中はもっちりとして酵母の良さを実感できる

実minori

レーズンとイチジクと4種のナッツ入り。文字通り、大地の豊かな実りが詰まった逸品

いちじく クリームチーズ

ごろっと入ったイチジクの自然な甘みと、まろやかなクリームチーズが好相性

天然酵母のパン ろくぶんぎ

ヘルシーで飽きのこない味
「おいしさと安心を大切に」

県道28号に近い閑静な集落の一角にある「天然酵母のパン　ろくぶんぎ」（北杜市高根町）。住宅兼店舗の敷地内に立つ小さな看板が目印だ。こぢんまりとした売り場に並べられたパンは材料にこだわり、ヘルシーで飽きのこない味をコンセプトにしている。

オープンは2013年1月。八ケ岳南麓をセカンドライフの地に選び、店主の紺清由美子さんが都内から夫婦で移住して出店した。パン作りが趣味で、教室通いなどをしてきたという。店名は航海の時に天体から位置を測る「六分儀」に由来し、「第二の人生の航路を間違えないように」との思いを込めている。

パンは、北海道産小麦粉とホシノ天然酵母、きび砂糖、天然塩を使って作る。ベーコン、ハムなどの肉加工品は「無塩せき」を使用。季節の野菜や果物は、北杜市産もしくは自家菜園産を基本とする。

「いろんなものを入れずにおいしく作りたい。おいしさに加え、安心も大切だと考える」という紺清さん。値段も「毎日食べるものなので高くしたくない」と、天然酵母のパンとしては買い求めやすく設定している。

おすすめパン

山食パン

北海道産小麦粉、きび砂糖、天然塩と酵母だけで作った食パン。スライスしてトーストするともちもちして香ばしい

クリームパン

しっとりとした生地に自家製カスタードクリームがたっぷり入った菓子パン

メランジェ

北海道産全粒粉を含む生地にクルミ、アーモンド、ヒマワリの種、干しブドウ、オレンジピールが入っている

週4日の営業スタイル
仕事もオフもゆとりを持って

Pick up!

金曜から月曜の週4日の営業スタイルは開業時から変わらない。それでも前日に生地の仕込みをして翌日焼き上げるため、実質的に休めるのは2日間。休日は、山登りや畑作業など夫婦で趣味の時間を楽しんでいるという。紺清由美子さんは早期退職で脱サラし、「仕事をするならパン屋さんをしてみたい」と思い立った。「ゆとりを持ってパンを作った方がおいしく仕上がる。第二の人生なので、ゆとりも大切にして働きたい」と笑顔を見せる。長男の悠人さんが仕事を手伝っている。

「反応がダイレクトなので、店頭でのおしゃべりが楽しい」と話す紺清由美子さん

こぢんまりした売り場に並ぶ天然酵母のパン。午後には品薄になることも

1.「ヘルシーで飽きのこない味」がパン作りのコンセプト　**2.**「ろくぶんぎ」と書かれた小さな立て看板が目印　**3.**ベーコン、ウインナー、ハムなどは「無塩せき」を使っている

DATA

☎0551-45-7976
北杜市高根町下黒沢1026-2
http://rokubungi.main.jp/bakery/
10:30〜18:00(売り切れ時は終了)
火〜木曜定休

火曜と木曜の週２回、車でパンの移動販売をしている安都玉製パン

安《あ》都《つ》玉《たま》製パン

メインは学校給食
週2回の移動販売が人気

初夏のある火曜日のお昼前。北杜市役所須玉総合支所前にワゴン車が止まると、次々に人が集まってきた。ワゴン車には約50種類のパンが並び、「これは何ですか」などと尋ねながら楽しそうに買い物かごの中にパンを入れていた。

学校給食用パンがメインの安都玉製パン（同市高根町）は販売店舗を持たず、火曜と木曜の週2回、車でパンの移動販売をしている。食パンなどを除くほとんどが１２０円というお手頃価格。口コミなどで人気が広がり、最近は売り上げの半分ほどを直接販売が占めるようになったという。

ワゴン車での販売はこのほか、市役所や高根総合支所などでも行い、職員や一般の買い物客らが買い求める。北杜高の購買や地域の保育園、病院・介護施設などにも納品し、最近は和菓子店とのコラボ商品も手掛けている。

学校給食用パンは北杜市全域を担当。メニューのうち、ミルクパンやそぼろパンなど10種類程度がよく出て、１日約１７００食を製造しているという。給食用には梨北米の米粉を使ったパンもある。

創業家の3代目にあたり、仕込みの一切を任されているのが小島聡さん。「安心安全がモットー。全商品が保存料や着色料などを使わない無添加で、愛情込めて作っています」と力を込める。

おすすめパン

食パン

オーバーナイトの中種法で12時間寝かせた生地をベースに作った食パン。もっちりとした食感が特徴

チョコチップメロンパン

チョコチップを練り込んだクッキー生地はカリッと仕上げ、中の甘い菓子パンと相性が良い

パンプキンサンド

かぼちゃ100%ペーストを使った甘い生地にホイップクリームをサンドした、後味のさっぱりした菓子パン

1.メインの学校給食用のパンは1日約1700食を製造している　**2.**午前中は従業員も製造ラインに入り、さまざまなパンを作っている　**3.**安都玉製パンの工場外観

Pick up!

3代目が切り盛り店舗販売の実現が夢

安都玉製パンは1954年、現代表の小島久さんの父親が創業した。もともと学校給食用のパンを製造するため、東京からパン職人を呼んで始めたという。屋号は、旧高根町の前身、安都玉村の地名からつけた。聡さんは久さんの長男で3代目にあたり、お店を切り盛りしている。パンの専門学校を出て横須賀のパン店で3年修業して実家に戻り14年目。聡さんは「2017年夏には都内の有名店で腕利きのパティシエをしている弟がUターン予定。いずれ何か一緒にしたいと思っている」と店舗販売の実現に向けた夢を膨らませている。

お店を切り盛りしている、3代目に当たる小島聡さん

DATA

☎0551-47-2064
北杜市高根町村山北割3268
※原則、店舗販売はしていません。
毎週火曜、木曜に北杜市内で移動販売をしています

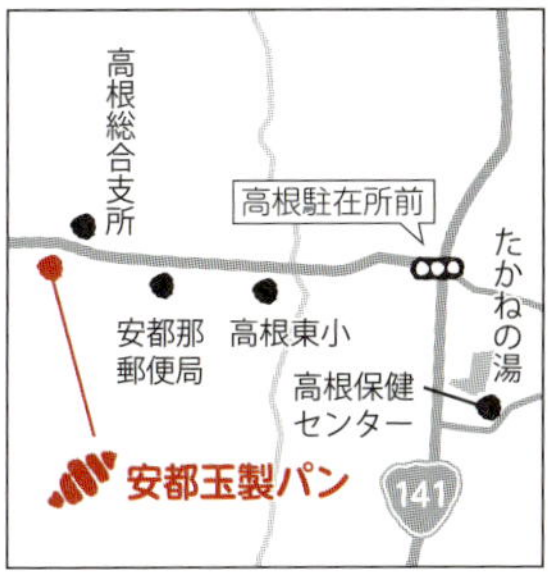

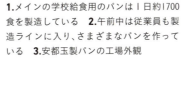

豆知識 #03
パンに合う食材Ⅰ

チーズ

チーズは大きく分けてナチュラルチーズとプロセスチーズがあります。ナチュラルチーズは牛乳やヤギの乳などを微生物で発酵させて作ったもの。ナチュラルチーズを加熱加工して作ったチーズがプロセスチーズです。ナチュラルチーズは、原料や製造方法などの違いでさまざまな種類があります。ナチュラルチーズを購入する際は左の表の種類を目安にすると選びやすくなります。

ナチュラルチーズの種類

- フレッシュタイプ
- 白カビタイプ
- 青カビタイプ
- ウオッシュタイプ
- シェーブルタイプ
- セミハードタイプ
- ハードタイプ

八ヶ岳エリアの特産

雪印メグミルク 小淵沢チーズ工房

「雪印 ブルー 小淵沢産」90g（写真左）

フランスのロックフォールに代表される青カビタイプ。日本人好みのマイルドな風味とソフトな食感にするように、独自製法で製造しています。

「雪印 プロボローネ 小淵沢産」100g（写真右）

イタリア原産の半硬質タイプ。サクラのチップでスモークしたチーズで、サクサクとした歯切れの良い食感と崩れるような組織が特徴です。

☎0551-36-3871

清里ミルクプラント

「ゴーダチーズ きよさと」

製造から8カ月以上熟成させたハードタイプのチーズ。スライスしたチーズを食パンに載せ加熱するのもおすすめです。

100g　650円　☎0551-48-2512

ハム・ソーセージ

ハムは、豚のもも肉を使ったボンレスハム、豚のロース肉を使ったロースハム、豚のバラ肉を使ったベーコンなどがあります。一般的には肉を塩漬け、薫製させたもの。ソーセージは腸詰めされたひき肉を保存の目的で加工したもののことです。

八ヶ岳エリアの特産

清里ハム

「カナディアンハム」100g 800円（写真左）

ロース肉をそのままにスモークをじかにあて、ベーコン風に仕上げた香り高いハム。パンはハード系向き。

「ボンレスハム」120g 800円（写真右）

豚もも肉を使ったうま味のあるハム。比較的脂が少なくさっぱりとした味わい。サンドイッチ向き。

☎0551-48-3253

@北杜市須玉町・明野町・武川町・白州町

おいしい学校・パン工房

パンやまに

明野ベーカリー ぱんだ屋

ハイジの村 デルフリ村のパン屋さん

手作りパン工房CUNICO(クニコ)

YES! BAGEL

ゼルコバ

サラダボウルKitchen 白州べるが

おいしい学校・パン工房

地元農産物のおいしさ詰め込む
生地に県産小麦

北杜市須玉町津金地区のリンゴ畑に囲まれた「おいしい学校」。旧津金小・中を復元したレトロな建物の一角にあるパン工房では、同地区で栽培したそば粉、特産のリンゴ、季節の野菜など、地産地消にこだわったパン40〜80種類を販売している。里山の豊かな環境で育まれた農産物を味わってほしいという思いが込められている。生地には山梨県産小麦「ゆめかおり」や北杜市産米粉を使用。ブドウから取った自家製天然酵母は県産小麦と地下水で継ぎ足している。

パン工房を切り盛りするのは、チーフの吉野栄一さん。都内の製パン会社「アンデルセン」などでパン職人をした後、13年前から同店に勤務する。「天然酵母は土地の性格が出る。酸味が少なく、やわらかいパンが焼き上がるのも、水と空気がおいしいからだと思っている」と笑顔を見せる。同店のパンは併設するイタリアンレストラン「ぼのボ〜ノ」でも提供、親子などを対象にしたパン教室も人気となっている。

建物の外にはテラス席もあり、大きな青空の下でパンをほおばると、一層おいしく感じられる。

地区特産のリンゴ使用 期間限定で商品販売

Pick up!

津金地区で収穫したリンゴのコンポート

津金地区特産のリンゴは、「昼夜の寒暖差から糖度が高く、蜜がたっぷり入っている」と吉野栄一さん。近年は農家の高齢化により生産量が限られていることから、「幻のリンゴ」ともいわれている。収穫したリンゴはコンポートにし、秋から期間限定で販売するアップルパイやリンゴのクリームパンに使用。毎年人気となるが、リンゴが無くなり次第、販売終了となる。

「津金で作る天然酵母は酸味が少なく、生地をソフトにする」と話す吉野栄一さん

1.旧津金小・中を復元したレトロな店内には40〜80種類のパンやクッキーなどが並ぶ　2.昭和の懐かしさを感じさせる「おいしい学校」

おいしい学校・パン工房では地元農産物のおいしさを詰め込んでいる

DATA

☎0551-20-7300
北杜市須玉町下津金3058
http://www.oec-net.ne.jp
10:00〜20:00
水曜定休
（12月〜3月中旬は火・水曜定休）

おすすめパン

大地の恵み

ヒマワリの種やゴマ、大豆など12種類の穀物がたっぷり入る。夏季は明野のヒマワリの種を使用

イチジクとクルミの自家製天然酵母パン

生地の酸味とイチジク、カマンベールチーズクリーム、クルミのコントラストが絶妙

津金産そば粉のパン

津金産のそば粉がふんわり香る。オリーブオイルに付けてもおいしい

木目調の造りが目を引く店舗

パンやまに

「気軽にパンを手に取って」地域に根差した店づくりめざす

風景に溶け込む木目調の建物が目印の「パンやまに」（北杜市明野町）。ドアを開けると、オーナー夫妻の笑顔と焼きたてのパンの香りが出迎えてくれる。

昔懐かしい木製の番重に並べられたパンは、食パンや菓子パン、調理パンのほか、リンゴの自家製酵母を使ったハード系などバラエティー豊か。自家製酵母の生地はほんのりと甘く、手作りしている具材との相性もいい。

「ここはスーパーやレストランがほとんどない地域。畑仕事の合間など、地元の人たちに日常的に食べてもらえるパンを作りたい」とオーナー夫妻。パン好きが高じて東京から移住し、2015年に同店をオープンした。無農薬野菜の栽培にも取り組み、季節によって具材に取り入れている。

国産小麦や地元産の野菜など、使う素材にも気を配るが、「こだわりがないところがこだわりかな。ただおいしいと思っていただければうれしい」とほほ笑む。地域に根差し、誰でも気軽に入りやすい店づくりを目指している。

PICK UP!

バリエーション豊かに選ぶ楽しさ届けたい

「パンを選ぶ楽しさを届けたい」。そんな思いで、あんぱん、メロンパン、カレーパンなど、おなじみのパンからバゲットやカンパーニュといったハード系まで、常時30種類をそろえている。クリームやあん、カレーなど具材はすべて手作り。親しみやすい味が幅広い年代に支持されている。取材中も親子３世代が来店。「おじいちゃんは何を食べる？」。小さな子どもの元気な声が店内に広がっていた。

1.子どもからお年寄りまで、選ぶ楽しさがあるパンが並ぶ　**2.**自家製のリンゴ酵母を使ったパン。生地がほんのりと甘く、具材との相性もいい　**3.**もちもちのフォカッチャは桜エビとシラス、長ネギで和風に

DATA

☎0551-25-4511
北杜市明野町上手11192-1
8:00〜16:00
水・木曜定休（祝日は営業）

おすすめパン

食パン

国産小麦100%使用。ふわふわ食感のリッチな味わいで、耳もおいしいと評判

バゲット

リンゴの自家製酵母を使ったもちもちの生地は、かむほどに味わい深い

ベーコンエピ

シソの葉と岩塩がアクセント。ワインのお供にもぴったり

手作りパンの温もりに満ちた「パンやまに」

明野ベーカリー ぱんだ屋

工夫の数々が個性
「食感の違いを大切に」

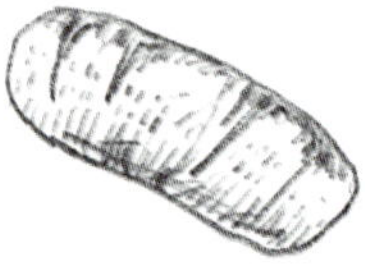

読書や外の景色を楽しみ
ながらパンが食べられる
イートインスペース

北 杜市明野町の豊かな自然の中に建つ「明野ベーカリー ぱんだ屋」は月に1、2回、不定期で営業しているパン店だ。営業日をSNSで事前に告知するというスタイルをとっていて、客層は地元の人から近隣の別荘に住む人、観光客までと幅広い。店主の依田拓也さんは「肩に力を入れず自然体でやっている店です」と笑顔を見せる。

店頭には、もちもちとした食感が人気のベーグルや、パリッと本格的なフランスパン、定番の食パンやクリームパンなど約20種類が並ぶ。複数のパン店で15年間パン作りを経験してきた依田さんがいま大切にしているのは「食感の違い」だという。

例えばベーグル。グルテンを強くするため、こね時間を長めにし、さらに丸いドーナツ型に成形する際に少しひねりを加えることで、ベーグル独特のしっかりめの食感が際立っている。フランスパンなどのハード系は、逆にこね過ぎず長時間寝かせることで、焼き上がった時に表面がかたく、だけど歯切れの良い、パリッとした食感に。菓子パンや食パンはフワッとしつつモチモチした食感になるよう、できるだけ多くの水分量を含ませるため、生地をこねながら水の足し加減を調整しているという。こうした工夫の数々がパンの特長を明確にし、おいしさにつながっている。

Pick up!

イートインスペースで読書も

店内には7、8人が座れるイートインスペースがあり、無料のコーヒーやお茶を常備。壁面の本棚には絵本や小説などが並び、自由に手にとって読むことができる。ところどころにセンス良く飾られた雑貨も、遊び心にあふれていて楽しい。窓の外には豊かな自然が広がり、景色を眺めながらパンをいただくのも良さそうだ。

1.約20種類のパンが並ぶ店内 **2.**明野の豊かな自然と調和した外観 **3.**絵本や小説がぎっしり詰まった本棚

「自然体でやっている店です」と話す、「明野ベーカリー ぱんだ屋」店主の依田拓也さん

DATA

☎固定電話なし
問い合わせ、予約はメール
pandaya1030@ezweb.ne.jpへ
北杜市明野町上手493-2
10:00開店、売り切れ次第閉店
不定期営業
※営業日はブログ（https://ameblo.jp/pandaya1030）やフェイスブックなどで事前に告知している

おすすめパン

ベーグル（ラズベリークリーム）

ぱんだ屋の人気商品。もちもちのベーグルに甘酸っぱいラズベリークリームをサンドした

トマトカレーパン

中身のカレーはトマトピューレで煮込み、スパイスが控えめで子どもも食べやすい味。ぜひ揚げたてを味わって

クリームパン

オープン当初からのレギュラー商品。少しかための、ぽってりとしたカスタードクリームが美味

アニメ「アルプスの少女ハイジ」をイメージした花と幸せのテーマビレッジ「ハイジの村」（北杜市明野町）の中にある「デルフリ村のパン屋さん」。多くのパンが並んでいるなかでも、一番の人気を集めているのが「ハイジ大好きフカフカ白パン」だ。

アニメの中で、大自然を離れクララのお屋敷で暮らしていたハイジが、ペーターのおばあさんに食べさせてあげたくてクローゼットにこっそり隠していた、あの白パンを再現。ふんわりと柔らかく、ほんのりと甘みがあって、「ハイジ」を見ていた大人にはもちろん、子どもたちにも大人気で、お土産としても喜ばれている。

「周りには『ハイジ』の舞台となったスイスのような山並みが広がり、園内には季節の花々もたくさん咲いているので、テラス席や外のベンチに座って、景色を楽しみながら食べるのもおすすめです」と担当者。

店内にはこのほか17種類のパンが並んでいて、お土産やおやつにも喜ばれる甘めのパンや、軽食にうれしいクロワッサンなどさまざま。お菓子やワインなどが並ぶお店もあり、山梨県内で採れたブドウや桃、リンゴなどで作ったジャムも人気のお土産になっている。

ハイジの村 デルフリ村のパン屋さん

ハイジのフカフカ“白パン”
お土産にも大人気

ハイジの世界をイメージした衣装のスタッフがお出迎えしてくれる「デルフリ村のパン屋さん」

パン屋さんが入っている建物もハイジの世界をイメージしたもの

Pick up!

ハイジの世界を楽しもう！

1.アップルパイなどおやつにうれしいパイ系も　2.11時ごろにはすべてのパンが焼き上がる　3.県内で採れたフルーツを使ったジャムも人気

「デルフリ村のパン屋さん」のデルフリ村は、アニメの中に登場する、ハイジが住む山小屋のあるアルムの山の麓の村の名前だ。「ハイジの村」には他にも、「ロッテンマイヤーズカフェ」「レストラン　ボルケーノ」などアニメにちなんだ名前がたくさんあり、ハイジの世界を存分に楽しめる。園内には6000本のバラをはじめ、季節ごとにさまざまな花が咲き誇り、自然を感じながらゆったりと過ごすことができる。夏休みとクリスマスの時期に開催する、夜間特別イベントもおすすめだ。

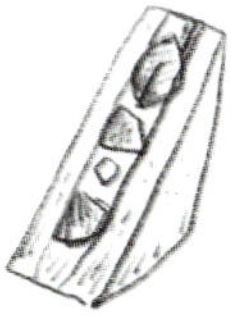

DATA

☎0551-25-4700
北杜市明野町浅尾2471(ハイジの村)
9:00〜18:00(季節により変動)
1〜3月まで火曜定休(祝日の場合は開園)
※入場料が別途必要

おすすめパン

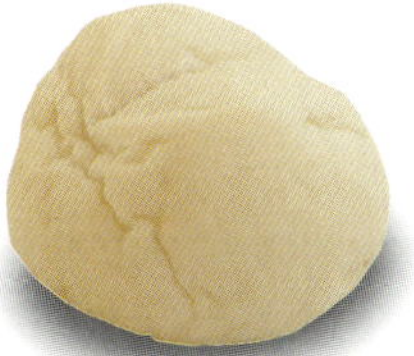

ハイジ大好きフカフカ白パン

アニメのハイジにでてくる白パンを再現。お土産にも大人気

桔梗信玄餅揚げパン

ハイジの村を運営管理している桔梗屋の人気パン。揚げパンに桔梗信玄餅ときな粉クリーム、黒蜜ジャムをサンド

チュニカ

大きなフランクフルトを網目の生地で巻いた、ずっしりとしたボリューム満点のパン

雑木林の中にあるパン工房。毎朝、焼きたてを直売している

手作りパン工房CUNICO（クニコ）

少量ずつ丁寧に
工房で焼きたて直売

野鳥のさえずりと小川の音に包まれた雑木林にある「手作りパン工房CUNICO（クニコ）」（北杜市武川町）。店主の清水邦子さんは「子育てを終えた主婦が、何かを始めたいって気持ちでスタートしたパン工房なので、たくさんは作れないんですよ」と言ってほほ笑む。野鳥彫刻家の夫・正廣さんの創作活動を支える傍ら、家族や友人のために焼いていたパンが評判となり、10年前、武川町農産物直売センターで販売を始めた。すると「焼きたてを食べたい」という要望が寄せられ、毎朝8時から9時30分の間、自宅を改装した工房で作りたてのパンを直売することになった。

武川産コシヒカリの米粉や国産小麦、天然酵母、地元産野菜などを使用。食事パンを中心に約10種類のほか、自然食材を使ったクッキーやプリッツもある。近隣のキャンプ場利用客や別荘客にも人気だ。

小さなオーブンで少量ずつ焼き上げるパンは、ふんわりとやわらかく、味わい深い。おなかをすかせた家族や、家に招いた客人など、まるで自分の大切な人のために作るように、邦子さんの真心が込められている。

Pick up!

農産物直売所に配達
アレンジして食事を楽しむ

工房で焼き上がったパンは午前10時ごろ、武川町農産物直売センターや長坂駅前農産物直売所に配達している。「常連さんには料理の上手な方が多い。いろんな食材を載せたり、はさんだりして、楽しんでくれている」と清水邦子さん。さまざまなアレンジが利くパンが食事の楽しさを広げている。

1.武川町農産物直売センターにある「手作りパン工房CUNICO」のコーナー　2.少量ずつ丁寧に焼き上げられたパン　3.「『おいしいね』『頑張ってね』って言ってもらえるのがやりがい」と話す清水邦子さん

小鳥のさえずりの中、真心を込めてパンを焼いている「手作りパン工房CUNICO」

DATA

☎090-3230-9273
北杜市武川町柳沢3443-3
8:00〜9:30(パン工房での販売)
月曜、火曜定休

おすすめパン

米粉パン

武川産コシヒカリを使用。もっちりしていてやわらかく、ほっとする味

クリームチーズとレーズンたっぷりの全粒粉パン

酸味と甘味、香ばしさのバランスが秀逸

ソフトフランス

食パンのようにやわらかく、ほんのりと甘い。どんな食材とも相性がいい

YES! BAGEL

かむほどにおいしい
独特のもちもちベーグル

店主の山﨑忠雄さん。明るく話好きで、とにかく楽しい人!

国道20号と甲州街道の台ケ原宿が交差するところにある「YES!BAGEL」(北杜市白州町)は焼きたてベーグルのお店。「ベーグル店を始める前はうどん店。ベーグルは2回しか食べたことがなく、もちろん作ったことはありませんでした」という店主の山﨑忠雄さんが作るベーグルは、王道のベーグルのイメージを覆す独自の味わいで、もちもちっとしていてかむほどにうまみがにじみでてくる。毎日焼き上げる100個のベーグルは、オープンから2時間も経たないうちに売り切れることも多い。

築100年の蔵をリノベーションしたくつろいだ雰囲気のお店では、ベーグルサンドのランチも楽しめる。ダブルベリーやミックスシードなど10種類以上あるベーグルの中から好きなものを選び、挟む具材もグリルチキンやサーモンフライ、アイガモのスモークなど6種類以上から選べる。庭で摘んだルッコラやパクチーなどの野菜もたっぷり入ってボリューム満点だ。

「メニューもテーブルも、どうやったらお客さんが楽しくなるかを考えています。やっぱり、みんなで食べるとおいしいですよね」。その言葉通り、テーブルを囲むお客さんは山﨑さんを中心にみんなでおしゃべりを楽しみ、幸せそうな笑顔でベーグルをほおばっている。

1

2

1.焼き上がったベーグル一つ一つに「YES!」の焼き印を押していく　**2.**ランチのベーグルサンドセットはボリュームもおいしさも満点

おすすめパン

プレーン

もちもちっとした食感を楽しめるシンプルなベーグル。肉、野菜、ジャムなどとの相性も最高

セサミストリート

黒ごまと白ごまを半分ずつトッピング。香ばしさがたまらない

ミックスシード

カボチャとヒマワリの種がいっぱい載った味わい深いベーグル

カラフルな板が壁一面に打ち付けられた店内。
のんびりとくつろげる空間だ

築100年の蔵を自ら リノベーションした 個性的なたたずまい

Pick up!

YES!BAGELの店舗は、築100年の蔵を山﨑忠雄さんが一人で1年半かけてリノベーションした。「水や緑などすべて自然の色」という8色に色付けした小さな板を壁に打ち付けた店内はカラフルでとても個性的。テーブルも蔵の床材を使って手作りしたものだ。そんな店をつくり上げた山﨑さんはカメラマンやデザイナー、ホテルマンなどの経歴を持つ多才な人で、明るく気さくで話し上手なうえに、釣りや登山など多趣味。そんな山﨑さんに会いに来る人も多く、店には近所のおじいちゃんをはじめ、登山好きや釣り好きの人など各地からさまざまな人がやって来る。

DATA

☎080-5482-9696
北杜市白州町白須259-1
11:30〜売り切れまで
火曜定休(夏以外は月曜、火曜定休、Facebookで確認)

素朴なショーケースに並べられたベーグル。並ぶ姿もかわいい

懐かしく親しみやすい空間に、素朴なパンが並ぶ「ゼルコバ」の小野孝章さんと妻の理恵さん

ゼルコバ

人、地域のつながりで進化
幅広い層をとりこに

北杜市白州町台ケ原の旧甲州街道から少し入った場所に、古民家を利用したパン店「ゼルコバ」はある。東京・立川市にあった人気店で、2016年9月に移転。早々に近隣の住民から観光客まで、幅広い人たちをパンのとりこにしている。

駄菓子屋さんのように懐かしく、親しみやすい店内に並ぶのは、ころんとした形状の素朴なパン。国産小麦やオーガニック食材を使用し、高温で焼き上げられていて、もっちりと香ばしい。一つ一つの味わいに個性があるから、20種類全部を試してみたくなる。

店主の小野孝章さんは最初、日本食の勉強をしていたが、欧米人が主食とするパンに興味を持ち、「ご飯に代わる、食べやすいパンを作りたい」と決意。妻・理恵さんの両親が営んでいたパン店「ゼルコバ」を受け継ぎ、北杜市に移住していた友人の誘いがきっかけでこの地に住むことになった。「つながりを大切にしたい」と孝章さん。隣の家で栽培したビーツを「たくさん作ったので」と譲り受け、ピタパンにしてみたら、すぐそばのカフェがコロッケをはさみピタパンサンドとして販売。「それがものすごくおいしくて！」と瞳を輝かせる。人のつながり、地域のつながりで、進化を続けるパン店である。

店舗は、明治時代から続く「よろず屋」だったという建物を小野孝章さんが自分でリノベーションした。「戦後、ここでクジラの肉を買ったことがあるよ」などと、近所の人たちが店の歴史を教えてくれるという。店内には、お年寄りが腰かけられる椅子もさりげなく用意されていて、タイムスリップしたようなレトロな空間には、パンの甘い香りとゆっくりとした時間が流れている。

1.台ケ原周辺の風景にしっくりとなじむ店構え　**2.**高温で焼かれたパンはもっちりと香ばしい　**3.**ざるに並べられた焼きたてのパン　**4.**午前10時のオープンを待ちわびたようにお客さんがやって来る。昼前に売り切れてしまう日も

DATA

☎0551-45-8124
北杜市白州町白須258-1
http://www.zelkowa.cocolog-nifty.com
10:00～売り切れまで
月曜、火曜定休

Pick up!

明治時代の「よろず屋」をリノベーション

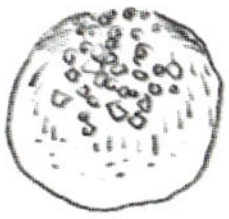

おすすめパン

バナナのパン

フィリピンのネグロス島で自然栽培されたバナナがたっぷり入ったもちもちのパン

ラムカランツとくるみのプチ

ラム酒漬けにしたカランツとクルミが入り、しっかりとした歯ごたえにうま味がにじむ

チーズカンパーニュ

自家製酵母のカンパーニュの生地でチーズをくるんだ、こくのある味わい

サラダボウルKitchen 白州べるが

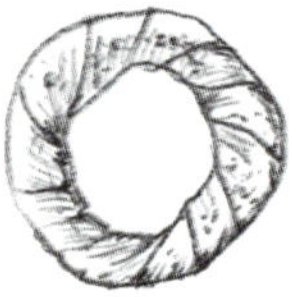

「小麦、水、塩」だけのパン作り 地域の食材に強いこだわり

⑥次産業化商品の開発などを手掛けるプロヴィンチア（甲府市）が運営する北杜市白州町の地域野菜レストラン「サラダボウルKitchen白州べるが」は、自社オリジナルブランドのパン「小麦と水と塩と」を展開。地域の食材だけを使い、白州カンパーニュなど5種類ほどが店頭に並ぶ。北欧で食べられているクラッカー状のパン「クネッケ」もあり、チーズやハム、野菜などを載せて味わう食べ方の提案をしている。

パン部門を担当するのは、早川由加利さん。小麦は白州町産「ゆめかおり」を、塩も敷地内にある源泉を煮詰めて作ったものだけを使う。酵母は山梨市牧丘町産の巨峰からおこしていて、低温発酵させた生地を韮崎市内の工場で焼き上げている。

早川さんは、パンを農産物加工品と明確に位置付けている。「日本のパンは嗜好品《しこう》と受け止められがちだが、主食だと思っている。油、砂糖、乳、卵は使わず、小麦粉と水と塩という3つの地域の材料だけでいかにおいしくするかを心掛けている」と話す。

白州カンパーニュは全粒粉１００％と石臼挽《びき》小麦粉１００％とがある。惣菜パンや甘いパンは作らず、全粒粉やクネッケといったシンプルなパンに具材を載せて食べてもらうことを念頭に置く。また、白州べるがの週替わりメニュー「まるごと白州プレート」にパンが付くほか、甲府市の県産ブドウ加工専門店「葡萄屋kofu」向けなどにもパンを作っている。

プロヴィンチアのパン部門を担当する早川由加利さん
=韮崎市内

PICK UP!

「スモーブロー」ハード系パンの食べ方広げたい

パン作りを任されている早川由加利さんは、甲府市内のドイツパン店に約10年間勤務。そこでパンにのめり込んだという。同市内で受講したアグリビジネススクールでプロヴィンチアの前社長と知り合い、2015年春に入社した。「地域の小麦を大切にするドイツパンの考え方と、地域野菜レストランというコンセプトとがぴったり合う。縁あって立ち上げから関わることになった」。現在は、デンマーク発祥のオープンサンド「スモーブロー」を広げたいといい、「ハード系のパンをいかにおいしく食べてもらえるかをいつも考えている」とほほ笑む。

1.工場では、自社オリジナルブランドをはじめ、「葡萄屋kofu」向けなどのパンも焼いている　**2.**「サラダボウル Kitchen 白州べるが」のパンコーナー＝北杜市白州町　**3.**地域野菜レストランをうたう「サラダボウル Kitchen 白州べるが」の入り口

DATA

☎0551-35-3153
北杜市白州町白須8056
べるが内セントラルゾーン
10:00～17:00（フード11:00～15:00L.O.）
17:00～21:00（3日前までの予約制）
水曜定休（祝日の場合は翌日、GW・夏休み期間は無休）

地域野菜レストランで提供している「まるごと白州プレート」

おすすめパン

白州カンパーニュ
全粒粉100%プレーン

滋味深い味わいで食べごたえあり。若干の酸味あり。厚さ1センチ以内にスライスし、ハムやチーズなど好みの具材を載せてナイフ、フォークで食べる

白州カンパーニュ
石臼挽小麦100%プレーン

小麦の甘さ、もっちりした食感が特徴。後味に塩のうま味も。厚さ1.5センチ程度にスライスする。上質のオリーブオイルにつけて食べるのもおすすめ

クネッケ

全粒粉100%。イーストを使わない板状の薄焼きパン。サクッとした食感で、ハムやチーズなど好みの具材を載せてナイフ、フォークで食べる。保存が利く

豆知識 #04

パンに合う
食材Ⅱ

ワイン

ワインはブドウを原料として造られるお酒です。醸造方法の違いによりタイプが分かれ、ワインの多くは「スティル・ワイン」(非発泡性である赤ワイン、白ワイン、ロゼワインの総称）になります。辛口から甘口まで味わいはさまざまです。ブドウをプレスしてから果汁のみを発酵させるのが白ワイン、黒ブドウを房ごと、あるいは粒ごと発酵させるのが赤ワインと大別できます。ロゼワインは、赤ワインを造る途中で果皮を取り除く方法、黒ブドウを使い白ワインと同様に果汁のみを発酵させる方法などで造ります。

八ヶ岳エリアの特産

本坊酒造マルス山梨ワイナリー

「シャトーマルス カベルネ・ベリーA 穂坂収穫」
720ml 1,782円

韮崎・穂坂産カベルネ・ソーヴィニヨンとマスカット・ベリーAの持つ「力強さ」と「柔らかさ」を調和させ、ほのかに樽香が漂う、均整のとれた味わいの赤ワインです。

☎055-262-4121

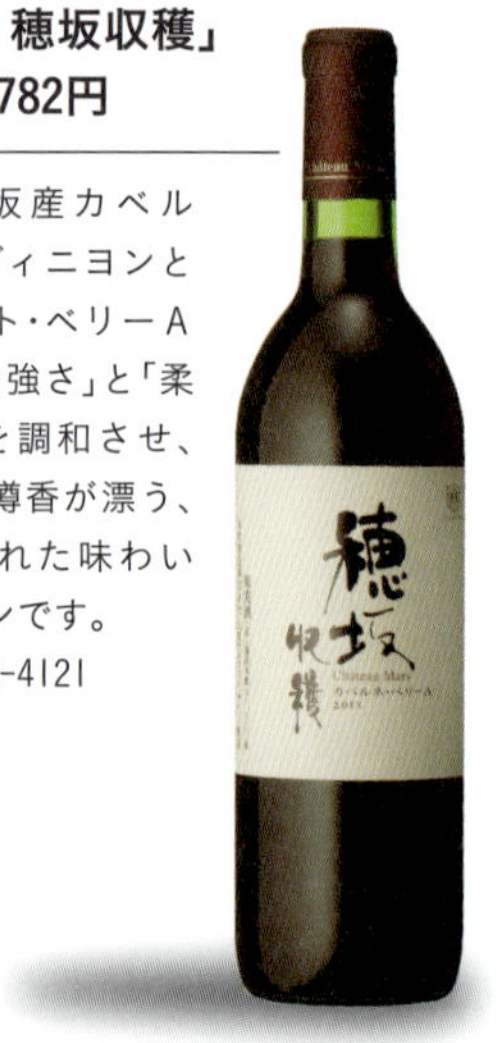

中央葡萄酒

「グレイス茅ヶ岳 白」
750ml 2,376円

茅ヶ岳山麓産の甲州種を厳選し、透明感のある辛口タイプに仕上げた白ワイン。かんきつ系の香りとはつらつとした酸味が特徴です。

☎0553-44-1230

江井ヶ嶋酒造山梨ワイナリー

「シャトーシャルマン カベルネ・フラン白須」
720ml 2,200円

自社農園産カベルネ・フランから造った赤ワイン。柔らかく繊細、穏やかなタンニンとふくよかな味わいがバランスよく調和しています。

☎0551-35-2603

※未成年者の飲酒は法律で禁じられています。

Q 残ったパンの上手な保存方法を教えてください。

A 「パンは乾燥しやすく、他のものの匂いが付きやすいので、食べやすい大きさにカットして一枚ずつラップに包み、密閉して冷凍保存してください。冷蔵庫ではなく冷凍庫という点がポイントです。冷凍していたパンを食べるときは、自然解凍して焼くか、あらかじめ温めておいたオーブントースターに冷凍状態のまま入れて焼いてお召し上がりください」 （山梨県パン協同組合）

@北杜市小淵沢町

- ぱん・パ・パン
- ベーカークラスティー
- 山のパン屋 桑の実
- ぱんの店 虹
- Cercle（セルクル）

ぱん・パ・パン

食事パンの種類を充実
生地の味わいにこだわり

北 杜市小淵沢町の「星野リゾート リゾナーレ八ヶ岳」の個性的なショップが建ち並ぶピーマン通りにあるベーカリーカフェ「ぱん・パ・パン」。同ホテルの改装に伴い、2017年4月にリニューアルオープンした。開放的でスタイリッシュな店内には、パンの販売コーナーと、パンと一緒に食事が楽しめるカフェが併設されている。

「日常の喧騒《けんそう》を忘れて、ゆったりと過ごしてほしい」と店のコンセプトを語る広報担当の雨宮純慧さん。パンはご主人の周平さんが、長野県富士見町にある工房で焼き上げている。「小鳥の声が聞こえる森の中の工房では、空気や水など、八ヶ岳の自然がパンをおいしくしてくれる」と純慧さん。食パンには石臼挽《び》きの国産小麦「ゆめちから」、フランスパンにはフランス産小麦を配合するなど、種類ごとの風味や食感を大切にしている。調理パンでもフィリング（具材）に消されてしまわない、しっかりとした生地の味わいにこだわる。

リニューアルを機に、食事パンの種類も充実させた。翌日の朝食用に持ち帰る旅行客や地元の人たちに人気だという。購入したパンは、カフェのパスタなどと一緒に楽しむこともできる。テラス席もあり、高原の空気の中で、パンとの幸せな時間が過ごせるお店だ。

「小麦本来の味わいを楽しんで」と話す「ぱん・パ・パン」の雨宮純慧さん

1.バラエティー豊かな約30種類のパンとクッキーが並ぶ　**2.**魅力的な色に焼き上げられたパン　**3.**スタイリッシュなカフェでパンを楽しむこともできる

Pick up!

パンを楽しむカフェ併設 ハーフサイズのメニューも

カフェを担当するのは周平さんの弟・悠太さん。パスタやサラダなど、パンと一緒に楽しむために考案されたメニューがあり、パンをたくさん食べたい人のためにはハーフサイズが注文できるのもうれしい。イチオシは、ソフトカンパーニュを使ったパン店ならではのフレンチトースト。桃の花びらのジャム、桃のビネガーと一緒に味わえば、新しいパンのおいしさに出合える。

パン屋さんのフレンチトースト「桃の花びらジャム・桃のビネガーと一緒に」

DATA

☎0551-35-9015
北杜市小淵沢町129-1 星野リゾート リゾナーレ八ヶ岳内
http://risonare.com/yatsugatake/restaurant/
10:00〜19:00(季節によって延長あり)
休みは星野リゾート リゾナーレ八ヶ岳に準ずる

おすすめパン

クロワッサンカスタードとクロワッサンエクレア

クロワッサン生地にハーブ卵のカスタードクリームをはさんだスイーツ。チョコレートでコーティングしたタイプも

バゲット

パリッとした皮の食感とフランス産小麦の香ばしさが本場の味をほうふつとさせる

ミルクスティック

水の代わりに牛乳を使った生地にミルク感たっぷりの甘くとろけそうなクリームをイン

店にはご主人が無添加で手作りしている人気のパンが並ぶ

ベーカークラスティー

地元の人に愛される お手頃価格のパン屋さん

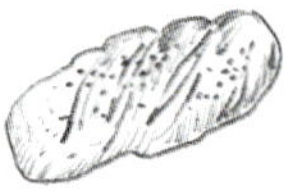

「地域の人がいつも来てくれる、ふつうのパン屋です」と話すのは奥さまの横内晶子さん。ご主人の賢さんが手間と愛情をたっぷりかけて丁寧に焼き上げるパンを求め、「ベーカークラスティー」(北杜市小淵沢町)にはご近所さんや常連さんが多く訪れる。なかには農作業の途中のおやつ用に買いに来たと、長靴姿で訪れるおばあちゃんも。「気取らず普段通りに来てもらえるのがうれしいです。パン屋さんのパンはおいしいって感じてもらって日常的に食べてほしいので、みんなに愛される〝ふつうのパン〟をお手頃な価格で出しています」と二人そろって笑顔を見せる。

店には自家製カスタードクリームを入れたクリームパン、あんぱん、カレーパン、ジャムパンなど、菓子パンや総菜パンを中心におなじみのパンがずらりと並ぶ。価格は１２０円や１３０円など、どれも小淵沢のパン屋さんとは思えないほどのお手頃価格。慣れ親しんだ定番パンのおいしさを知っているのでついつい買い過ぎてしまうが、この価格なら安心だ。

「地元の方たちに喜んでもらえるのがうれしいです。これからも地域のパン屋さんとして、みなさんに愛されるお店でありたいです」と話すご夫妻。定番ならではのなじみのおいしさがうれしいクラスティーのパンには、二人のそんな思いも込められている。

気持ちいい日の光が降り注ぐテラス席。小さな子ども連れのママたちにも人気

Pick up!

毎朝8時オープン 朝食に焼き立てパンを

2009年に北杜市小淵沢町にオープンする前は、25年余り東京都文京区にパン店を出していたという横内さんご夫妻。「のんびりとパン屋さんをしたい」と、息子さんご夫婦に東京の店を譲り同町にやって来た。ゆったりとした敷地に建つ住居兼店舗は、明るい雰囲気のおしゃれな造り。店の前には芝生が広がり、気持ちのいいテラス席もある。オープンは毎朝8時。夏はテラスでのんびり食べていく人も多いそうで、「オープンが早いのもクラスティーのこだわりです。ぜひ朝食に焼きたてパンを味わってみてください」と晶子さんが笑顔をみせる。

おすすめパン

食パン

耳が薄めで食べやすい。サンドイッチにもぴったり

マロンデニッシュ

サクサクのデニッシュ生地とやさしい味わいのマロンクリームの相性がぴったり

つぶあん生クリーム

甘すぎないつぶあんと生クリームの組み合わせが絶妙

「お客さんとの会話も楽しんでいます」と話す横内晶子さん

DATA

☎0551-36-4424
北杜市小淵沢町2510-4
8:00〜19:00
木曜定休

1.菓子パンや惣菜パンなどおなじみのパンが並ぶ店内　**2.**人気のコロッケサンド。サンド類も充実している

山のパン屋 桑の実（北杜市小淵沢町）は、八ケ岳南麓の憩いのスペースである道の駅こぶちさわ内にある。地元の素材にこだわり、山梨県産小麦粉や自家製酵母を使った焼きたてのパンが楽しめる。

１９９９年、店主の尾山敦子さんが地元の体験工房に出店。道の駅がオープンした２００４年に現在地に移転した。「もともとは陶芸をするために都内から移り住んだが、子育ての中でパン作りに夢中になった」と尾山さん。店名はこの周辺が以前、養蚕が盛んだったことにちなんだという。

すべてのパンに卵、乳をはじめとした動物性材料の不使用をうたう。「最近アレルギーの人が多いし、これだけ食べ物があふれる時代に何も動物から奪うこともない。健全な食材を使い、お客さまの体のことを考えて提供するべきだと考える」と力を込める。

道の駅内で隣接するのは仕入れ先となる農産物直売所。地産地消を掲げ、地元産の旬の野菜・果物を使ったパン作りにも積極的に取り組んでいる。

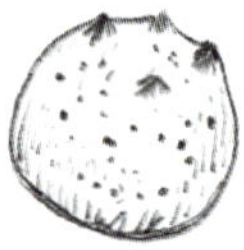

すべてのパンに動物性材料不使用をうたう「山のパン屋 桑の実」

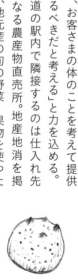

おすすめパン

ココアリッチ

オーガニックココアを使ったオリジナルココアペーストをたっぷり巻き込んだ。ココアのコクとほろ苦さが奥深い味わい

大豆と野菜の ノンフライカレーパン

山梨県産の大豆と季節の地元野菜を使用。オリジナルパン粉をまぶし、オーブンで焼き上げた。スパイシーでボリューム満点でもヘルシーなカレーパン

メロンパン

卵やバターを使わず、豆乳と菜種油で作ったやさしい味のクッキー生地をかぶせた

1.店頭には地元の旬の野菜、果物を取り入れたパンが並ぶ　**2.**国産ライ麦100％のプンパニッケル（小麦不使用）。オーブンで一晩蒸し焼きにし、手間をかけて作る　**3.**「山のパン屋 桑の実」が入る道の駅こぶちさわ

山のパン屋 桑の実

地産地消にこだわり 動物性材料は不使用

使用する県産小麦のひき具合を確認する尾山敦子さん

県産小麦をメインに使用　Pick up!

もともと出店のきっかけが、地元産の小麦を使うという話からだった。ただ、供給が追い付かず、山梨県産小麦が本格的に使えるようになったのはこの2〜3年という。現在メインに使用する県産小麦は、ゆきちから、ゆめかおり、地粉の3種類。このうち、ゆきちからは北杜市白州町産で、小麦粉のひき具合を尾山さんが指定している。

DATA

☎0551-36-5227
北杜市小淵沢町2968-1
道の駅こぶちさわ内
http://kuwa.ocnk.net/
7:00〜18:00（10〜4月は8:00〜17:00）
定休日なし

八ケ岳高原ラインの一本東側の道沿いに建つ「ぱんの店 虹」(北杜市小淵沢町)は、天然酵母で作る無添加パンの店。一部のパンを除いて、ほとんどが小麦粉と水と塩だけでできたシンプルな食事パンだ。

焼きたての香りに満ちた店内には、一番人気の「食ぱん」や、店主おすすめの「フランスぱん」「田舎ぱん」「ライ麦ぱん」など15種類前後のパンが並ぶ。どのパンもかむほどに小麦のうま味が口いっぱいに広がり、幸せな気分に包まれる。

店主の根岸明子さんは「生地の発酵には15〜16時間かけている」と話す。たっぷりと時間をかけて発酵させ、素材のうま味を引き出すことで、自然で深い味わいが生まれる。また、使用する小麦粉はパンによって7種類を使い分けているという。

手間暇をかけても価格は平均200円台とリーズナブル。「食事パンは日常品。毎日食べるものは買いやすい価格でないと」と根岸さん。おいしいパンを通じて大勢の人と一緒に喜びを分かち合いたいと考えている。

店主こだわりのテラスには無料のお茶が常備され、小淵沢の豊かな自然の中、晴れた日には南アルプスの眺望を楽しみながら、ゆったりとパンを味わうことができる。

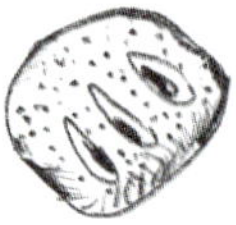

ぱんの店 虹

天然酵母のパン
リーズナブルに提供

小麦粉と水、塩だけでできた食事パンが主役の「ぱんの店 虹」

自然素材と無添加にこだわり

Pick up!

根岸明子さんは以前、都内の外資系企業に勤務。50代で「今の仕事とはまったく違うことをやってみたい」とパンの道に入り、5年間の修業を経て、移住した現在の地で2005年7月に同店をオープンさせた。パン作りでこだわっているのは自然素材と無添加。「パンの見た目やもうけを気にするより、多少手間がかかってもおいしくて体に良いことが大切」と話す。常連客の女性からは「パンのおいしさはもちろんのこと、店主の人柄や考え方にも共感している」との声も。

1.森の中の一本道に面した店舗　**2.**当初から構想にあったという店主お気に入りのテラス　**3.**ナチュラルな雰囲気の庭。晴れた日は遠くに南アルプスの山々が見える

「自分が納得できるパンだけを作っている」と話す店主の根岸明子さん

おすすめパン

フランスぱん

シンプルで香り高いパン。トーストすると外側がパリッと、中はもちもち食感に

田舎ぱん(カンパーニュ)

全粒粉25％入りの素朴で味わい深いパン。ミネラル豊富で栄養価が高い

ライ麦ぱん

ライ麦35％。ヘルシーで香り深い、店主おすすめの一品。くるみ＆レーズン入り

DATA

☎0551-36-6535
北杜市小淵沢町10195-7
10:00〜17:00
4月〜9月の土曜・日曜のみ営業
※2018年度より土曜のみ営業

中央自動車道小淵沢インターチェンジ（IC）近くにある「Cercle(セルクル)」(北杜市小淵沢町)は、国産小麦と自家製酵母を使った食事パンがメインのお店。イギリスパン生地、コンプレ（全粒粉)生地、マフィン生地、ライ麦生地など、それぞれの生地が持つ味わいを生かした約30種類のパンと手作りの焼き菓子を販売している。

「料理の邪魔をせず、その味を引き立てるパンを作りたい」と店主の井手俊郎さん。東京にある天然酵母のパン店「ルヴァン」などでパン作りを学んだ後、妻の恵利子さんと小淵沢町に移住し2001年、自宅に併設して同店をオープンした。北海道産小麦やオーガニックのドライフルーツなど原材料にこだわり、飽きのこないおいしさを追求している。

イートインコーナーでは、焼きたてのパンやフレンチトースト、季節のポタージュスープのほか、白州町の平飼い卵を使ったパウンドケーキやタルトなどの焼き菓子も楽しめる。フランス語で「輪」を表す店名の通り、漂うパンの香りに会話が弾む憩いの場でもある。

パンは井手俊郎さん、
焼き菓子は恵利子さん
が担当している

Cercle（セルクル）

厳選素材で作る食事パン
生地が持つ味わい生かす

1.厳選素材の良さを引き出した食事パンの数々　2.イートインコーナーは10席。フレンチトーストや季節のポタージュスープ、ケーキセットなどが楽しめる　3.青大豆のポタージュスープとトマト＆アンチョビのピザセット 950円

Pick up!

シンプルな素材から豊かな味わいを生む

小麦粉は北海道産など国産にこだわり、オーガニックレーズンから培養した自家製酵母を使用する。「粉と塩と水と酵母が基本。余計なものは極力入れないで、素材のいいところを引き出してあげたい」と井手俊郎さん。イーストを使う場合は、長時間発酵させることで少量にとどめている。素材の「性格」を見極める職人の腕が、シンプルな材料からバリエーション豊かな味わいを生んでいる。

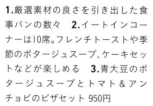

素材にこだわったパンを一つ一つ丁寧に焼き上げている「Cercle(セルクル)」

DATA

☎0551-36-5336
北杜市小淵沢町2725-18
http://www.info-area.jp/cercle/
9:30〜18:00(12月〜3月は10:00〜18:00)
水・木曜定休(祝日は営業)

おすすめパン

イギリスぱん

国産小麦の風味が香り、もっちり、しっかりとした食感が特徴

カンパーニュ

自家製酵母を使用したどっしりとしたパン。和風のおかずにも合う

カレーぱん

自家製のひき肉カレーをマフィン生地に包み、香ばしく焼き上げた

COLUMN

外《そと》パンのススメ

片山 智香子さん

パンの楽しみ方の一つに外パンがある。外パンとはなにか？ 読んで字のごとく。外でパンを食べることなのであるが、この食べ方、私のパン屋さんめぐりの楽しみの中の一つでかかせないものとなっている。パンの種類によっては粗熱が取れたくらいに食べた方が美味《おい》しいものがあるが、「焼きたてです！」という声を聞いて購入したパン、やはりあっつあつなものを食べたい。もちろん、イートインできるお店もあるが、テイクアウトのみのお店も少なくない。そんな時は、近くの公園で外パンをする。

外パンの良さを話す前に、私のパン屋さんめぐりの仕方を紹介させて頂《いただ》きたい。私の場合、まずは行くエリアを決めるところから始める。「美味しい」と聞いたパン屋さんを主目的に行くこともあれば、なにかしら別の予定がある場合で出かけても近くにパン屋さんがないか調べて行く。もちろん、たまたま歩いていて引き寄せられるようにぶらり入ることもある。どんな場合でも、自分好みのパンとの新たな出合いがあり、飽くなき追求は止まらない。

ただ、パンの選び方にはあるルールを決めている。それは、どのお店に行っても必ず一番人気のパンも購入するということ。たとえそれがあまり得意な種類のパンでなくても。そのルールの利点としては二つある。一つ目は一番人気のパンを聞くことよりお店の方とのコミュニケーションが生まれること。そして、もう一つは、自分の勝手な先入観を捨てることで思わぬ美味しさに出合えることがあるからだ。実際、何度もそのような経験をしており、パンの幅がかなり広がった。

さて、肝心な外パンの話だが、オススメなのはパン屋さん近くの公園だ。緑豊かな公園がそばにあればもちろん最高だが、昭和感漂う公園で食べるパンもこれまた乙なものである。一度、海岸で食べていたらトンビにパンを持っていかれたことがあるので、海の近くで食べる際はご注意を（笑）。どちらにしても、開放的な雰囲気、外の美味しい空気を吸いながらの外パンはさらにパンの楽しさを広げてくれるはずである。

かたやま ちかこさん　10,000個以上のパンを食べ歩いたパンマニア。全国のパンを紹介する日本最大級コミュニティ「パン屋さんめぐりの会」を主宰。イベント、企業との試食会を企画する傍ら、ボウル一個で作るパン教室“ケセラセラ”も運営。著書「ボウルで3分こねるだけ！ラク！早！カンタン！おうちパン」（学研）を出版。近著には「愛しのパン」（洋泉社）がある。最近では、テレビ、ラジオ、雑誌でパン情報を発信するパンタレントとして活躍中。

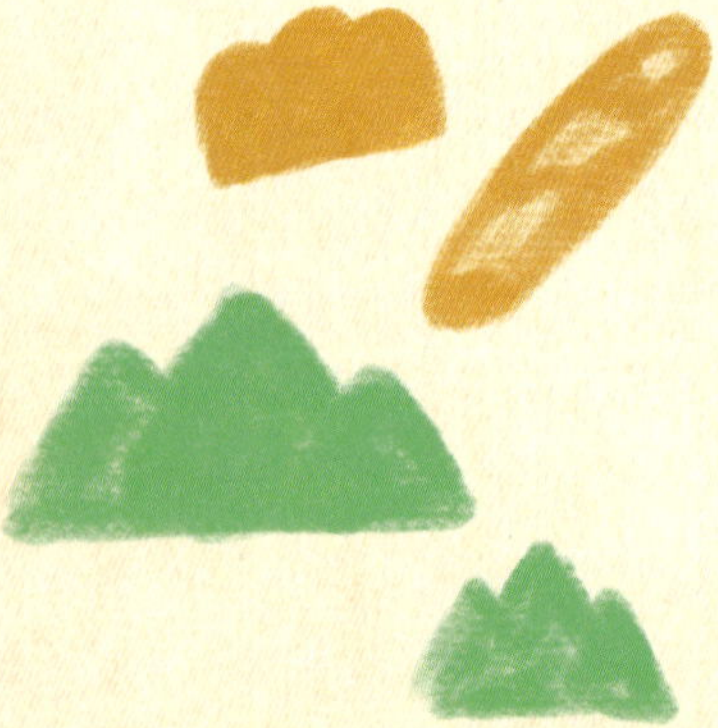

@韮崎市

- コーナーポケット 韮崎本店
- いえぱん実粉《みこ》
- asa-coya
- おちゃのじかん
- 千柳軒《ちりゅうけん》
- 野菜パン ド・ドウ

コーナーポケット 韮崎本店

毎月5、6種類の新商品
パンで山梨の魅力を発信

韮崎市の国道141号を北上し道の駅にらさきを過ぎた辺りで、パンを抱えた店主の似顔絵が、壁いっぱいに描かれた建物が目に入る。山梨県産小麦「ゆめかおり」や「富士山酵母」をはじめ、果物や野菜など山梨の素材をふんだんに使ったパンを販売する「コーナーポケット韮崎本店」（韮崎市中田町）だ。「周辺はきれいな水と空気に恵まれ、人の心を穏やかにしてくれる。だからパン職人も食べる人の笑顔を思い、おいしいパンが焼ける」。県パン協同組合の理事長も務める店主・小野曜さんは、こう言って壁の似顔絵と同じ満面の笑顔を浮かべる。

1983年、金精軒製菓パン部門として創業後、分離独立して93年この地に移転した。八ケ岳と富士山の両方を望む絶好のロケーションの中で、毎月5、6種類の新商品が生み出されている。ひな祭りやこいのぼりなど、子どもを笑顔にする期間限定のパンも多い。また、山梨の魅力を全国に広めようと、日持ちするパッケージで梱包《こんぽう》した「八ヶ岳ブレッド」は、通信販売のほか、全国の百貨店などで出張販売している。「山梨のおいしいパンで、観光客を呼び込みたい」―。熱く語る小野さんの〝山梨愛〟が詰まっている。

豊かな自然環境の中でパンを製造するコーナーポケット韮崎本店

1.約100種類のパンが並ぶ店内　2.笑顔に満ちた厨房で焼かれるパン　3.店主の似顔絵がトレードマークの店舗

「ゆめかおり」と「富士山酵母」を使ったパン

Pick up!

県産小麦「ゆめかおり」と相性が良い「富士山酵母」

「富士山酵母」は山梨県富士山科学研究所の研究で、富士北麓の土壌と植物から採取された。県産の小麦「ゆめかおり」と相性が良く、同店では2017年1月からこの2つを組み合わせたクロワッサン、バゲット、カンパーニュなどを販売している。「ゆめかおり」はタンパク質含有量が高く、パンに適した特性を持つとされる。「うま味があって後味もよく、もう一つ食べたくなるパンに仕上がった」と胸を張る小野曜さん。新たな地産地消の逸品として、期待を寄せている。

DATA

☎0551-25-2366
韮崎市中田町小田川154
http://www.rokuyousha.co.jp
8:00〜19:00
休みは元旦のみ

おすすめパン

もち麦入り食パン

食物繊維が豊富と話題のもち麦と県産小麦をブレンド。もち麦のぷりぷり食感がアクセント

富士山酵母のバター クロワッサン

小麦の自然な甘みが味わえる人気のパン。毎日、昼ごろ焼き上がるので、焼きたてを狙いたい

ゴルゴンゾーラ入り チーズクルミパン

「ワインに合うパンを」という発想で生まれた。ゴルゴンゾーラの深いコクが生地と絶妙に絡む

基本的に毎週金、土曜日にだけ営業する住宅街の小さなパン店「いえぱん実粉」

いえぱん実粉《みこ》

子どもの反応見ながら研究
お母さんの思いが詰まったパン

子どもに、おいしくて安心・安全なパンを食べさせたい―。「いえぱん実粉」（韮崎市若宮）は、そんなお母さんの思いが詰まったお店だ。3人の子どもを持つ店主は、15年ほど前から独学でパンを作り始め、粉の配合など、子どもの反応を見ながら研究。2016年、念願だったお店をオープンすると、たちまちご近所を中心に評判となった。

営業日は毎週、金曜と土曜の2日間だけ。開店時間になると、待ちわびたようにお客さんがやって来て、昼すぎには完売してしまう日もある。「子どもたちが『おいしい』って言ってくれたものを店頭に並べている」というパンや焼き菓子は、国産小麦、あこ天然酵母、洗双糖、自家栽培のバジルなど、全て店主の目と舌で厳選した材料を使用。水分をたっぷり含んだもちもちのパンは、ほんのりとした小麦の香りに心が和む。中でも、食パンの生地でたっぷりの具材を包んだおやきのような「厚焼シリーズ」は、病みつきになるおいしさだ。

店構えも店主も、ナチュラルでフレンドリーな雰囲気。小さな子どもからお年寄りまで、着実にファンを増やしている。

ぎっしりの具材に満足「厚焼シリーズ」が人気

Pick up!

いえぱん実粉オリジナルの「厚焼シリーズ」は、「子どもが満足できるパンを」という発想から生まれた。もっちりした食パンの生地の中に、手作りの具材がぎっしり。小さな子どもでも食べられるトマトで煮込んだカレーや、やさしい甘さのカスタード、あんこといった定番のほか、紫芋など季節限定の具材も。トーストすれば、カリッとした食感も楽しめる表情豊かなパンだ。

見た目にもほっこりするオリジナルの「厚焼シリーズ」

1.住宅の一部が店舗になっている　2.ショーケースには、子どもに食べさせたくなるパンが並ぶ　3.開店を待ちわびたように次々とお客さんがやって来る

DATA

☎050-3573-3050
韮崎市若宮1-10-19
10:30〜17:00(売り切れ次第終了)
金、土曜(不定期で日曜)営業
※営業日の詳細はブログやFacebookでご確認ください。
ブログ http://iepanmiko.exblog.jp/

おすすめパン

角食

もっちり、ずっしりしていて、小麦の風味が豊か。バター不使用

天然酵母の全粒粉スコーン

4日以上低温でじっくり発酵させた生地は、穀物の味わいが広がる

ソフトフランス

やわらかくてもちもちな生地にクリームや自家製ジャムをサンド

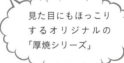

asa-coya

手作りだからこその
奥深く優しい味わい

毎週火曜日と土曜日、韮崎市の住宅街に小さな子ども連れのママや女性たちの列ができる。並んでいる人はみんな、ワクワクしているような楽しそうな笑顔をしている。

ここは、週2日だけオープンするパンと焼き菓子の店「asa-coya」。店主の渡辺麻美さんが一人で切り盛りしている。レーズンやヨーグルト、酒かす、季節の果物などで作った自家製天然酵母を使い、材料もできる限り国産、オーガニックのものを厳選。砂糖は精製されていないてんさい糖やきび砂糖、塩は天日塩、また北海道産のチーズや有機バナナ、自家製あんこなど、組み合わせる素材もすべて選び抜いている。

「『手作りだからできること』を大切に、材料のすべてを自分がいいと思うものを選び、じっくりと時間をかけて一生懸命作っています」と渡辺さん。

asa-coyaのパンは発酵だけで10時間以上かかるものもあり、「もっと営業日を増やしてとよく言われますが、一人でやるには週2日が精いっぱいなんです」という。その分、一つ一つに心を込めて焼き上げたパンは優しく奥深い味わいで、みんなが並んで求めるのも納得のおいしさだ。

1.一人で焼き上げているパンは約20種類。旬の食材を使ったパンも並ぶ　2.子どもは目の前のおいしそうなパンにくぎ付け　3.ショーケースの前のスペースもいい雰囲気

おすすめパン

ミニ布団パン

一番人気のパンで、ヨーグルトから作った天然酵母の優しい甘みがクセになる味わい

あんこクリームチーズ

北海道産のクリームチーズと自家製あんこの組み合わせが絶妙。牛乳が練り込まれている生地もほんのりと甘くておいしい

リュスティックサンド

10時間以上かけて低温発酵させたハード系のパンに、生ハムとチーズを挟んだボリュームたっぷりのパン

店主の渡辺麻美さんが
対面販売している

笑顔が集まる素朴で小さなお店

Pick up!

住宅の一角に建っていた倉庫をリノベーションしたという「asa-coya」の店舗は、ここのパンの味わいにぴったりな素朴で優しいたたずまい。ショーケースの中においしそうに整列しているパンを選んでもらい、対面で直接販売するスタイルはasa-coyaならではだ。ショーケースにぴったりと張り付いてうれしそうにパンを見つめる子どもたち、楽しそうにパンを選ぶ女性客、そして「お客さまに直接『おいしい』って言ってもらえた時はとてもうれしいです」と話す渡辺麻美さん。おいしいパンはたくさんの笑顔をつくりだしている。

DATA

☎090-9378-2424
韮崎市大草町下條中割242
11:30〜売り切れまで
日、月、水、木、金曜定休（変動有り）

安心して食べられる手作りのこだわりのパンは、小さな子ども連れのママにも大人気

JR穴山駅からほど近い「おちゃのじかん」（韮崎市穴山町）は、里山ののどかな風景の中に建つ小さなカフェ。庭やテラスの前には南アルプスの山々が連なる美しい景色が広がり、ベジ料理やパン、焼き菓子を味わいながら、のんびりとした時間を楽しむことができる。

店主の清水由美さんが作るパンは、丁寧に一つ一つ時間をかけるからこそのやさしい味わい。「自然に近い体にやさしいものを提供したいと思い、できるだけオーガニックの食材を選んでいます。パンは天然酵母を使っていますが、ゆっくりと発酵させて粉の甘みを引き出しているので酸味がなく、重いというよりもっちりとした感じです」。一口ほおばると小麦の香りがふんわりと広がり、かむほどにやさしい甘みを感じる。食べると思わず笑顔になる、温かみのある素朴なパンだ。

そんな清水さんが作るパンのとりこになり、毎週楽しみに通ってきているというお客さんは「食べごたえがあるのに重くなく、上品なおいしさで大好き。毎朝食べるのが楽しみなんですよ」とニッコリ。庭を眺めながら、ご主人の俊弘さんが入れてくれるコーヒーを味わうのもいつもの楽しみだそうで、ゆったりとした〝おちゃのじかん〟を満喫している。

おちゃのじかん

厳選した素材で作る体にやさしい素朴なパン

一つ一つ丁寧に作られたパンは、どれも素材の味を楽しめる素朴な味わい

1. 庭にも席がたくさんあり、外でお茶やご飯を楽しむ人も多い　**2.** ご主人はコーヒーを入れたり、庭の手入れをしたり　**3.** ランチのベジプレート。ボリュームもおいしさも満点！

粉と酵母と塩と水だけでシンプルに

Pick up!

「おちゃのじかん」に並んでいるパンは、食パンやカンパーニュをはじめ、自家製クリームやジャム、あんを使ったパンなど約10種類。「一人で作っているので、きちんと丁寧に作れる量だけを作っています」と清水由美さん。小麦粉と酵母、塩、水だけで作るシンプルなパンが基本で、小麦は北海道産2種類をブレンド。さらに一晩かけてじっくりと発酵させて、小麦の甘みやおいしさを引き出している。シンプルだからこそごまかしのきかない、味わい深いパンだ。

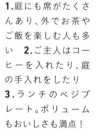

清水由美さんが手間暇かけて作っているパン。素朴なパンにぴったりな木のケースに並んでいる

おすすめパン

フォカッチャ

粉、酵母、塩、水のみで焼き上げたシンプルな味わい。上質なオリーブオイルと塩もおいしい

クリームパン

厳選した卵と牛乳、精製していない砂糖を使って手作りしているカスタードクリームが絶品

いちじくクリームチーズ

ドライいちじくとクリームチーズの組み合わせが絶妙な味わい。食べごたえのあるパンとの相性もいい

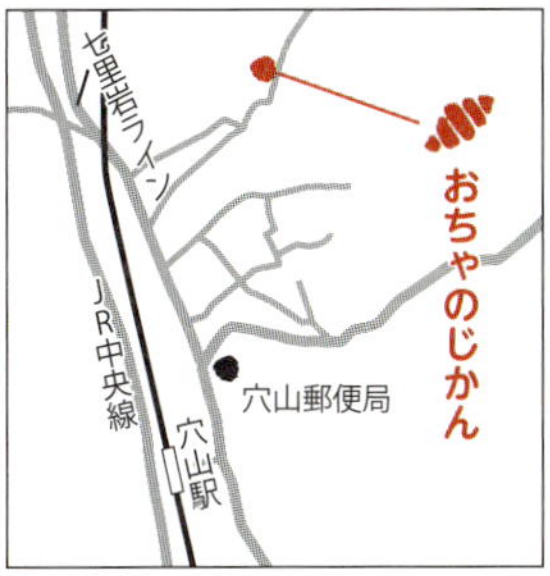

DATA

☎0551-25-2321
📍韮崎市穴山町7063-1
🕘11:00～18:00
🏠水曜・木曜定休 ※不定休あり

商店街の一角にあるパン店「千柳軒」の店主・保阪俊男さんと妻・定子さん

千《ち》柳《りゅう》軒《けん》

なじみ深いパンから
流行に応じた新商品まで

JR韮崎駅から300メートルほど南にあるパン店「千柳軒」（韮崎市本町）。周囲には商店が立ち並び、目の前の県道は多くの車が行き交う。店を営むのは、保阪俊男さん、定子さん夫妻。1894（明治27）年に俊男さんの祖父が和菓子店として創業、1985（昭和60）年ごろに俊男さんがパン専門店としてリニューアルした。

パンの種類は50種類以上。定番のカレーパンやメロンパン、あんドーナツをはじめ、チーズデニッシュやマロンデニッシュなどのデニッシュ類、2年前から販売を始めた「チョコラスク」など、なじみ深いパンから流行に応じた新しい商品までさまざまなパンを取りそろえる。

「専門誌を参考にしたり、お客さんから意見を聞いたりして試行錯誤している。昨年は原材料の見直しも図った」と話す俊男さん。おいしいものを届けたい、その一心で日々パン作りに励んでいる。

価格は100円台の商品が中心で買いやすい。店舗が県道に面しているため、近所の人だけでなく、車で通りかかる人が立ち寄ることも。近隣の温泉に来るたびに訪れる県外の常連客もいるという。俊男さんと定子さんは「これからもお客さんを第一に考え、おいしいパンを作っていきたい」と口をそろえる。

表面にスライスアーモンドをあしらったラスクはロングセラー商品

お客さんの好みに合わせ改良

Pick up!

「お客さん本位の店でありたい」と話す保阪俊男さん。30代で都内のホテルのベーカリー部門で修業し、その時のレシピを基に地元でパン作りを始めた。その後、お客さんから感想や意見を聞きながら長年レシピの改良を重ねてきた。「ホテルのレシピは、外国人客に合わせて甘みが少なめで軽い食感のパン。地元のお客さんたちの好みに合わせて甘みを加えたり、少し重い感じに仕上げたりして工夫している」と話す。

1.50種類以上のパンが並ぶ店内 **2.**種類豊富なデニッシュ **3.**県道に面した店舗

おすすめパン

あんドーナツ

粒あん使用。ぜひ揚げたてを味わってほしい。しっかりとした甘さで、年配のお客さんを中心に人気

ビーフカレーパン

辛みのないまろやかなカレーを包んだパン。外側のカリッとした食感も魅力

メロンパン

素朴な甘さとやわらかさで、子どもたちの人気ナンバーワン

DATA

☎0551-22-0367
📍韮崎市本町1-2-14
🕘9:00～20:30
🏠日曜、祝日、第2土曜定休

野菜の楽しみ方をパンで提案する創作野菜パンの店「野菜パン ド・ドウ」(韮崎市藤井町)。きれいな水、長い日照時間、昼と夜の大きな寒暖差など、八ケ岳南麓は野菜がおいしく育つ条件がそろっている。そんな地域で栽培された素材を中心に使い、野菜ソムリエの店主がパンに焼き上げている。

オーナーの野田敬一さん、妻ひろみさんの二人で切り盛りし、2013年8月にオープンした。野菜パンは、季節の野菜を生地やクリームに練り込んだり、オリジナル野菜ソースを塗ったりと、さまざまな手法から生まれる。野菜がゴロゴロと載っているというよりも、むしろ普通のパンのように見えるものが多い。

「基本的にその日の農家の持ち込みでレシピを考えるので、一度きりの商品もある」と敬一さん。酵母は自家製とイーストを併用し、地元産を含む7種類の小麦粉などをブレンドする。食パンやハード系、惣菜パンなど店頭には20〜30種類が並ぶ。

キーワードである野菜をより前面に出すため、2017年春に店名から石窯パンを取り現在の名称に変更。店内には農業体験などのインフォメーションボードを設置し、地元産野菜の販売も本格化させた。敬一さんは「これからも農家とのネットワークを大事にして、お子さまからお年寄りまで楽しめる栄養価の高い野菜パンを作っていきたい」と力を込める。

野田敬一さん、ひろみさんの夫婦で切り盛りする創作野菜パンの店「野菜パン ド・ドウ」

子どもの笑顔が 野菜パン作りのきっかけ

Pick up!

　店主の野田敬一さんが野菜パンを焼こうと決めたのは、独立前のパン店勤務時代。「葉物が苦手というお子さんが母親と共に家に遊びに来たとき、自分が作った、ほうれん草を練りこんだクリームパンをパクッと食べてくれたことがきっかけ。その子のお母さんがとても喜んでくれ、こういうパンを扱うお店があったらいいなと思った」と振り返る。それからパン作りに生かすため野菜の勉強を始め、2011年に野菜ソムリエの資格を取得。野菜が苦手な子どもでも、笑顔で食べられる野菜パンを目指して今も勉強を続けている。

野菜パンは、店主で野菜ソムリエの野田敬一さんが焼き上げる

野菜パン　ド・ドウ

野菜ソムリエが焼く こだわりの創作野菜パン

1.八ケ岳南麓で育てられた野菜を中心に使い、20～30種類ほどのパンが店頭に並ぶ　**2.**店内では農家らが持ち込む地元産野菜の販売にも力を入れている　**3.**「野菜パン ド・ドウ」の外観。入り口わきのブドウ樹がやさしく迎えてくれる

おすすめパン

とろとろかぼちゃのクリームパン

かぼちゃの香りがするカスタードクリームパン。生地とクリームの両方にかぼちゃを練り込んでいる。かぼちゃのほか、ほうれん草、トマトなど野菜のクリームパンは人気シリーズ

フルーツぎっしり自家製酵母パン

ドライトマト、クルミをはじめ、レーズンやクランベリー、パパイヤなどぜいたくにフルーツを使った。自家栽培ブドウから酵母をおこし、韮崎市産の小麦と国産ライ麦のオリジナルブレンド。果実の甘さをしっかり感じ、コクのある味わい

ほうれん草のうずまき食パン

しっとり、もっちりした食パン。ほうれん草を練り込んだ生地と白い生地を重ねてまき、ふすま（小麦の粒の表皮）入り

DATA

☎0551-23-2743
韮崎市藤井町駒井2070
http://www.do-dou.net/
7:00～18:00
水曜と第２・第４木曜定休
（年末年始、臨時休業等有）

パン職人

食事パンにこだわり お店で食べ方も提案

日野沢 輝夫さん

ひのさわ・てるおさん
北杜市長坂町のカフェ・ド・ペイザン店主。1949年、北海道札幌市生まれ。製パン工程における技能を認定する国家資格であるパン製造技能士の特級有資格者

岐阜県関市のパン店の三男として生まれました。戦後、父が始めたお店です。高校卒業後、すぐに家で働き始めました。それまでは学校給食や卸がメインでしたが、20代半ばのころ焼きたてパンを始め店売り一本に業態を変えました。製造を任されており、その5年後くらいにヒット商品を生み出しました。二やまの食パンで、やわらかな食感が当たりました。最初は1日5〜6斤だったのが、多い日で100斤以上売れました。ただ、次第に全国へ広がり、他のメーカーも同じようなパンを作り始めました。

30代半ばのころ、次のステップとして天然酵母、国産小麦を使った安心・安全を前面に出したパンを作りたいと思いました。しかし、食パンの大工場も建てた会社はその提案には乗ってきませんでした。40歳のころ退社し、自身のお店として「ペイザン」を関市内に出しました。天然酵母は、休日などを利用して埼玉のフランス人に教わりに行きました。当時、ハード系のパンはほとんど売れませんでした。自然食品店や生協などに販路を見いだし、次第にお店でも商品が動くようになりました。

50代は多忙を極めました。名古屋製菓専門学校などで講師をして天然酵母について教える立場になりました。この専門学校は今でも非常勤講師を続けています。その頃、大学を卒業した長男がお店に入り、一緒に働くようになりました。60歳になり、次のことを考えるようになりました。八ケ岳南麓はよくパン巡りなどで遊びに来ていて、2年くらいかけて物件を探し、2013年4月に北杜市でのオープンにこぎ着けました。関市のお店は長男にバトンタッチしました。今のお店では少人数のパン教室も不定期で開いています。

パンとブレッドは違います。パンはフランス語、ブレッドは英語。私は伝統的製法によるフランスのパンしか作りません。パンはヨーロッパ文化であり、日本でいうおコメと同じだと考えます。食事パンにはこだわりを持っています。お店では単にパンを売るだけでなく、食べ方の提案をしています。自分がイメージした通りのお店がここではできたと思っています。

2018年でパン作り50年になります。この道一筋でここまで来られたのは職人として幸せです。パン作りは我流で師匠はいません。師匠がいれば楽なこともあります。分からないことは聞けば答えが得られるからです。私の場合はお客さまが良いといえば良いという感じでやってきました。このお店では石窯でパンを焼いています。まきを自分で割ることができる間は仕事を続けていきたいと思っています。（談）

仕込みでパン生地を手ごねする日野沢輝夫さん＝北杜市長坂町

@長野県&東京都

- 薪窯パン工房カントリーキッチンベーカリー
  - パン工房 パパゲーノ
- Friluftsliv(フリルフスリフ)
  - pain de Tonalité(パンドトナリテ)
- boulangerie KEROCK(ブーランジェリー けろっく)
  - ベーカリー・レストラン エピ
- ホームベーカリーベルグ
  - 自然栽培ベーカリー＆カフェ「空と麦と」

薪窯パン工房カントリーキッチンベーカリー

巨峰から自家製天然酵母
薪窯で焼くシンプルなパン

パチパチッー。薪《まき》窯から出された瞬間、食パンの中から小さな音が聞こえてきた。皮が外気に触れて割れる音だというが、まるで「おいしく焼けたよ」というささやきのよう。「これが、店内にBGMを流していない理由なんです」とお店のパン職人はいう。

「薪窯パン工房カントリーキッチンベーカリー」（長野県富士見町）は、レストランや雑貨店などが集まる「八ヶ岳カントリーキッチン」の一角にある。ヨーロッパの田舎にあるパン焼き小屋のような石造りをしていて、なるべく機械は使わず、古来の製法を大切にしている。薪で温めた石窯の余熱によって焼かれるパンは、巨峰からおこした自家製天然酵母のライブレッドとパン・ド・カンパーニュをはじめ、くるみ&レーズン、スイスブロート、山型食パンの5種類。ずっしり密度が詰まっているが重すぎず、もっちりしていて、かむほどに味わい深い。外側のぱりっとした香ばしさとのバランスも絶妙だ。シンプルなので、バターやジャムを塗ったり、サンドイッチにしたりと楽しみ方も幅広い。

薪窯では朝から夕方まで随時、パンを焼いている。ホームページに掲載された焼き上がり時間（変更あり）に合わせて訪れれば、パンが発する〝おいしい音〟と出合えるかもしれない。

おすすめパン

くるみ&レーズン

たっぷり入ったレーズンの甘みとクルミの風味が楽しめる。チーズと合わせても○

山型食パン

油脂や卵を使わないシンプルなパン。トーストして生地の味わいと食感を楽しみたい

パン・ド・カンパーニュ

巨峰の自家製天然酵母のやさしい酸味がある。サンドイッチにしてもおいしい

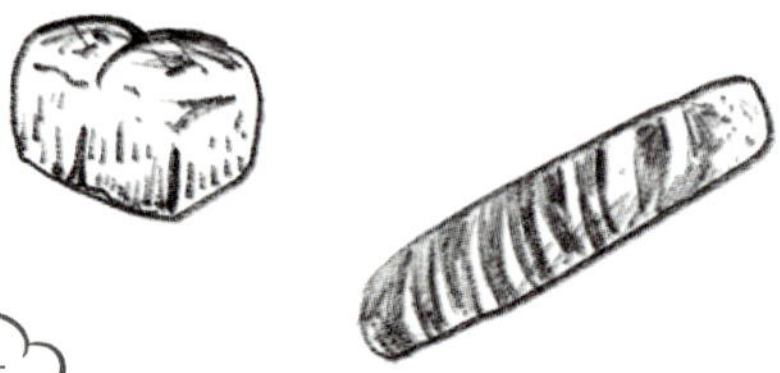

Pick up!

果樹の剪定枝が燃料
八ケ岳の自然と向き合う

ピザ窯に手を加えて保温性を高めたというオリジナルの薪窯。ブドウや桃の剪《せん》定《てい》で出た枝などを窯の中で燃やした後、灰を取り除き、その余熱でパンを焼くという原始的な製法を用いている。オーブンのように温度設定できないため、パン職人が肌に伝わる熱の感覚で適切な温度を見極める。「毎日変化する気温や湿度の中で、窯と生地の状態をいかに合わせていくかがポイントです」。八ケ岳の自然と向き合いながらの作業が続く。

「なるべく自然の力を生かしたパン作りがしたい」と話すパン職人

高原の緑の中、薪窯でパンを焼いているカントリーキッチンベーカリー

1.薪窯でパンを焼く熱気と香ばしい匂いに包まれた店内。全部で５種類のパンを販売している　**2.**外はぱりっと香ばしく、中はもっちりかみごたえがあるのが特長　**3.**おとぎ話に出てくるようなかわいらしい石造りの店舗

DATA

☎0266-66-2903
長野県富士見町立沢1-1436
9:00～18:00（1、2月は17:00まで）
木曜定休（8月は無休、12月～3月は水曜、木曜定休）

長野県原村の中心部にある「パン工房 パパゲーノ」は、20年以上地元の人たちに愛されている地域密着のお店。「カスタードにしようか？ それともチョコレート？」という悩みを払拭《ふっしょく》してくれる2色コロネや、地元産のシャキシャキレタスがどっさり入ったサンドイッチ、小麦の風味を存分に引き出した食パン、フランスパンなど、おなじみのパンから通好みのハード系まで40〜50種類をそろえている。

店主の渋谷充政さんは、諏訪市にある老舗パン店のほか、都内や甲府市内のポンパドウルを経て、10年ほど前、同店を前オーナーから引き継いだ。個数が少なくても、種類はたくさん作ることを心掛けているそうで、常連客のために毎日2個だけ焼くパンもある。「客層が幅広いのが当店の特徴。都会から来た別荘の方や、畑仕事をしながら長靴で入ってくるお客さまもいる。それがうれしいんです」と充政さんはほほ笑む。首都圏からの観光客向けに作ったデニッシュが地元の人に人気だったり、昔ながらのアンパンが別荘客に好評だったりと、多様な客層が相乗効果を生み出しながら、パンの魅力を広げている。

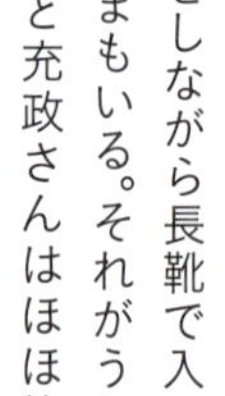

幅広い客層に向け、バラエティー豊かなパンを販売するパパゲーノ。渋谷充政さんと妻の美琴さんが切り盛りしている

高原野菜を使ったサンドイッチが人気

Pick up!

サンドイッチに使われているのは地元の高原野菜。「パンの配達帰りに、畑から直接、採れたてをもらってくることもあるんです」と渋谷充政さんの妻・美琴さんは話す。その新鮮なレタスやキュウリの甘さと食感をはさみ込んでいるのは、小麦の風味がしっかりと感じられる食パン。「サンドイッチは食パンの味わいが一番大事」と充政さんは胸を張る。高原野菜の産地・原村のパン屋さんならではの絶品が人気を集めている。

1.チョコとカスタードの両方を食べたい欲張りのための２色コロネ　2.おなじみの総菜パンも充実　3.原村の中心部で20年以上営業している親しみやすい店舗

シャキシャキのレタスやキュウリなど高原野菜がぎっしり入ったサンドイッチ

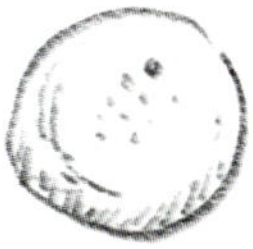

パン工房 パパゲーノ

バラエティー豊かなパン
客層が幅広い地域密着のお店

DATA

☎0266-79-6631
長野県原村払沢5704-1
7:30〜18:00（売り切れ次第終了）
日曜、月曜定休

おすすめパン

天然酵母食パン

ホシノ天然酵母を使った国産小麦100％の食パン。石臼びきの小麦粉を配合していて香ばしい

くるみライ麦ブレッド

クルミ、黒ごま、ライ麦をブレンド。何にでも合わせやすい奥行きのある味わい

クロワッサン

「自分の店を持ったらこんなクロワッサンを出したい」と考案した渾身《こんしん》の逸品。バターがたっぷり練り込まれたリッチな味わい

標高約1100メートルの高原地帯、木々に囲まれた八ケ岳エコーライン沿いにある「friluftsliv（フリルフスリフ）」（長野県原村）。北欧風のたたずまいをイメージした外観に、屋根には石窯焼きの煙突がシンボリックにそびえる。

店名は、ノルウェー語で「自然に囲まれてありのままに暮らす」という意味。2015年にオープンし、川池恭史さん、栄子さん夫妻が切り盛りしている。パンは、こだわりの石窯でまきを燃やして焼き上げる。このため一度に作れる量は限られ、店頭に並ぶのは山型食パンやバゲットなど絞り込んだ4種類だけだ。

石窯のポイントは、熱くなった窯から発生する輻射《ふくしゃ》熱。「古くからの製法で焼くことで、石窯から出る遠赤外線の効果により風味豊かなパンになる」と恭史さん。「外はカリカリ、中はモチモチ」を目指し、熟練度が求められる温度管理によって焦げる一歩手前のしっかり焼くことを理想とする。

小麦粉は北海道産とカナダ産。ライ麦を含む12～13種類を使い分け、ブレンドしている。基本は低温長時間発酵法。朝、石窯に火を入れ、仕込みと成形をしながら焼くタイミングを見極める。「すべてが準備で決まってしまう。毎日、石窯と対話しながらその日の状態を探っている」と、表情を引き締めながらも窯を見つめるまなざしに温かみを感じた。

friluftsliv（フリルフスリフ）

こだわりの石窯で焼く風味豊かなパン

石窯でまきを燃やして焼き上げたパン。一度に作れる量は限られ、店頭に並ぶのは山型食パンやバゲットなど４種類に絞り込んでいる

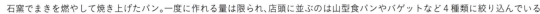

Pick up!

石窯に魅力
観光で訪れたパン店がきっかけ

オーナーの川池恭史さんが石窯でまきをたいて焼き上げるパンに魅力を感じたのは、観光で訪れた長野県富士見町のパン店がきっかけ。「独特の風味があり、自分でも作ってみたい」と思ったという。それまで恭史さんは都内のパン店に勤務していた。二度目に富士見町のパン店を訪ねた時に求人があるのを知り、原村に移住。同店に通勤し、約7年間修業して独立した。「住んでいる間に原村の環境が気に入り、出店場所も村内で探した」と話す。

1.「素朴だけど味わい深い」と石窯で焼き上げたパンの魅力を語る川池恭史さん　**2.**窯の火加減を確認しながら並行して進める仕込みと成形　**3.**石窯の煙突がシンボリックな外観

DATA

☎0266-55-3418
長野県原村18002-2
10:00〜17:00
火曜・水曜定休
※電話によるパンの予約、取り置き可

おすすめパン

WHITE BREAD (山型食パン)

小麦本来の風味を生かした味わい。外カリカリ、中はモッチリしていて、トーストは厚めに切るのがおススメ

バゲット

小麦は石臼びきを一部使用。香りも良く、外皮のパリパリ感は石窯ならではの食感

ベーグル

シンプルでありながらも、低温長時間発酵による味わい深いベーグル。ハムやチーズなどお好みの食材を挟んで楽しめる

地元産にこだわったパンを多数用意している「pain de Tonalité（パン ド トナリテ）」の山田克巳さん、京子さん夫妻

pain de Tonalité（パン ド トナリテ）

長野県産小麦使用
地産地消心掛け

長野県茅野市の国道152号（メルヘン街道）沿いに立地する「pain de Tonalité（パン ド トナリテ）」は、店舗の真正面に雄大な八ケ岳の景色が広がっている。トナリテのパンは全て、長野県産小麦、ライ麦、全粒粉を使用。地産地消を心掛け、季節の野菜や果物をパンに使っている。

お店を切り盛りするのは、山田克巳さん、京子さん夫妻。以前は約5キロ離れた同市内で営業していたが、2015年7月、現在地へ移転オープンした。夫妻は、八ケ岳西麓の景観や自然が気に入り12年ほど前に移住。風景を楽しみながらゆっくりパンを味わってもらおうと、売り場の隣にはイートインコーナーを設けている。

春から秋にかけて使用する天然酵母は、主に季節の地元産野菜や果実からおこしている。「産地にこだわった体にうれしいパン作りを目指している」と克巳さん。パン・焼き菓子は多い時季で60～70種類が店頭に並ぶ。京子さんは「おいしいと言ってもらえるのが一番うれしい。おいしいと家族のだんらんも笑顔になるはずだから」と声を弾ませた。

1.売り場の隣に設けた八ケ岳が一望できるイートインコーナー。敷地内にはテラス席もある　2.長野県産小麦を使ったハード系パンも人気　3.メルヘン街道沿いに立地するパンド トナリテ

Pick up!

確かな技術と経験 修業先で体得

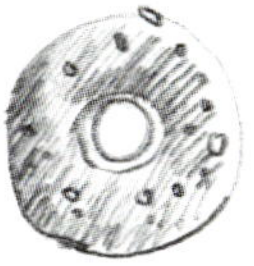

シェフの山田克巳さんは、埼玉県生まれ。東京の専門学校でパン作りを学び、まずは名古屋の老舗ドイツパン店で修業。その後、鎌倉や東京のブーランジェリーなどでチーフを経験した。鎌倉時代にパン好きで当時アルバイトだった京子さんと出会った。パン職人の克巳さん、明るい人柄の京子さんが温かく迎えてくれる「パン ド トナリテ」。人気のクロワッサン、レーズンサンドは、「（シェフが）埼玉のホテルのチーフ時代、天皇皇后両陛下に召し上がっていただきました」とご夫妻が教えてくれた。

DATA

☎0266-78-9789
長野県茅野市豊平3290-1
10:00～18:00
木曜定休
（12～3月は月曜、木曜定休）

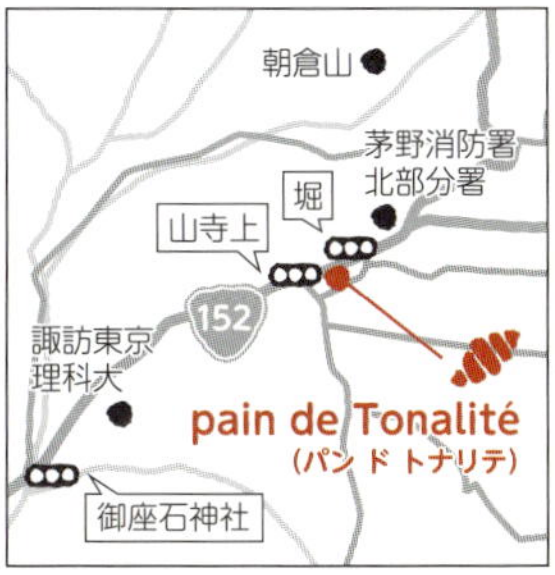

おすすめパン

季節のキッシュ

季節の素材を使い、写真はホウレンソウとベーコン。肉厚のキッシュが多い中、薄く仕上げることでさっぱり食べられる。パイ生地はサクサク

ボイゲル

ボイゲルは、ドイツ、オーストリアの発酵菓子。馬てい形で作り、クルミ、レーズン、シナモンを包んだソフトクッキーのような食感が楽しめる

クリームパン

バニラビーンズが香る自家製カスタードクリームが入ったクリームパン。甘さ控えめ

日本の代表的な観光山岳道路の一つ「ビーナスライン」。長野県茅野市の市街地郊外を車で走ると、沿道で目に留まるログハウスが「boulangerie KEROCK（ブーランジェリーけろっく）」だ。オーナーの原奏平さんのモットーは、基本を確実にこなし、素材の良さを最大限に引き出すパン作り。「口溶けや粉の風味を感じてもらえるよう心掛けている」と力を込める。

2008年、両親のゆかりの地である蓼科に移住してオープンした。大学卒業以後、名古屋で「モンタボー」の製造部に入社しパンの道に入った。その後、出身大学のある福岡に行き、「シェ・サガラ」（久留米市）などで修業した。福岡時代にパティシエである奥さまのマミさんと出会った。

パン・菓子は夏の多い時で60種類ほど、通常は40～50種類が並び、昼前には品薄になることも多い。粉の特性に合った発酵、温度管理、成形など、基本を忠実にこなす奏平さん。「日々変わらず安定したものを作り続けていくために、基本にはこだわりたい」。座右の銘は「究極のマンネリ」だといい、目指している「毎日食べても飽きのこないパン作り」の支えになっている。

boulangerie KEROCK（ブーランジェリー けろっく）

モットーは基本に忠実
素材の良さを最大限引き出す

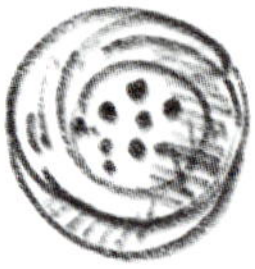

「基本に忠実なパン作りを心掛けている」と話す「boulangerie KEROCK（ブーランジェリー けろっく）」オーナーの原奏平さんと、奥さまのマミさん

Pick up!

クロワッサンやデニッシュ類は看板商品

クロワッサンやデニッシュ類は得意分野だという原奏平さん

クロワッサンやデニッシュ類は、原奏平さんの得意分野。修業先の「シェ・サガラ」(久留米市)で学び、一番自信を持っているという。クロワッサンは、外がサクサク、中はもっちり。発酵バターの独特の風味と香りが口いっぱいに広がる。デニッシュ類は、イチゴ、ブルーベリー、栗、リンゴと季節ごとに4種類。フィリングはフルーツによって使い分けている。クロワッサンもデニッシュ類も味わいはもちろん、「層の美しさといった見た目にもこだわっている」と話す。

1

2

3

1. 自家製カスタードクリームと生クリームを合わせたクリームを絞った「いちごのデニッシュ」(季節限定) **2.** 洋菓子・焼き菓子は奥さまのマミさんが担当している **3.** ビーナスライン沿いのログハウスが目印の「ブーランジェリー けろっく」

おすすめパン

メロンパン

カリカリでヘーゼルナッツ味のクッキー生地と、口溶けの良い菓子生地との食感の違いが特徴

イチジクとオレンジのパン紅茶風味

カンパーニュの生地に、洋酒漬けしたドライのイチジクとオレンジ、紅茶の茶葉を混ぜ込んだ

ちのシュー

もっちりしたシュー生地の上に、クッキー生地をのせてカリカリに。コシのあるクリーム(カスタードと生クリーム)を詰め込んだ

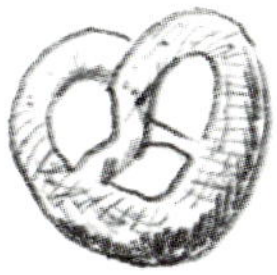

DATA

☎0266-77-3339
長野県茅野市湖東6595-248
http://www.kerock.jp
9:00～18:00(完売次第閉店)
火曜、水曜定休

ベーカリー・レストラン エピ

水、空気、野菜、果物…
蓼科の素材の良さを凝縮

「お元気でしたか?」「お久しぶりです」—。そんな会話が飛び交うのは、蓼科高原の別荘地で21年間パンを焼く「ベーカリー・レストラン エピ」(長野県茅野市)。お決まりのパンを注文し、「今年も無事に来られたよ」と顔をほころばせる常連客をオーナーの青木淳さん、恵子さん夫妻が満面の笑顔で出迎えている。焼きたてのパンを並べるショーケースの向こうは、ピザ窯で焼いたピザやハンバーグなどを提供するレストランスペースになっていて、心地いい高原の風が渡るテラス席もある。

横浜の「ポンパドウル」に勤務した後、開業するための土地を探していた淳さんが、ここで御嶽山に沈む夕日を見た瞬間、出店を決めたのだそう。その風景の中で焼き上げているのは、水、空気、野菜、果物など、蓼科周辺のおいしい素材をぎゅっと凝縮したパンだ。「特にここの地下水は硬度がパンに適していて、おいしく焼ける」と淳さんは胸を張る。2年前からは、大手建設会社を辞めて父の味を継ぐために修業中の長男・健介さんとベトナム人のお嫁さんオアンさんも店に立つ。青木さん一家の笑顔が絶えない店内はいつも、パンの甘い香りと温かい雰囲気に満ちている。

Pick up!

「赤ちゃんが食べても安心」素材と真剣に向き合う

北海道帯広の小麦や地元の野菜、果物は、顔の見える生産者から直接買い付けている。約20アールの自家菜園では無農薬のレタスやバジルなどを栽培しているほか、ベーコンやソーセージも手作りする。「食材のことをよく勉強しているお客さまが多いので、きちんと説明できる材料を使っています。赤ちゃんが食べても安心なパンをお届けしたい」。自身も小さな孫を持つ青木淳さんは日々、素材と真剣に向き合いながらパンを作っている。

1.契約栽培の果物を使ったデニッシュなど安心安全な素材にこだわったパン　**2.**自家製ベーコンや自家栽培のバジルなどを使ったピザも人気。カプリチョーザピザ1,650円　**3.**店内のピザ窯ではパンと一緒に楽しめるハンバーグやオニオングラタンスープなども調理　**4.**周囲の山々を望むテラス席では愛犬と一緒に食事ができる

青木さん一家が笑顔で出迎えてくれる「ベーカリー・レストラン エピ」

DATA

☎0266-67-5311
長野県茅野市北山5522-373
http://www.tateshina-epi.com/
9:00〜17:00
火曜、水曜定休
(GW、7月下旬〜8月下旬は無休)

おすすめパン

ベーコンチーズエピ

ベーコン、チーズ、つぶマスタードが入ったフワフワ、カリカリのパン

蓼科産ブルーベリーのデニッシュ

低農薬栽培の大粒ブルーベリーがたっぷり。ラム酒風味のカスタードクリームとの相性も抜群

十勝イギリス

北海道帯広の製粉所から直送の小麦を100%使用。もちもち食感で香ばしい

のびのびとした高原の風景が広がる八ヶ岳エコーライン（八ヶ岳西麓広域農道）沿いに建つ「ホームベーカリーベルグ」（長野県茅野市）。20年間営業した同県原村から、3年前にこの地に移転した。オーナーの渡辺伸さんは、老舗パン店「ドンク」での修業時代などを含め40年間、パンを焼き続けている。

厳選素材で、手間暇かけて手作りすることにこだわり、小麦20種類、酵母7種類をパンの種類や季節などに合わせて使い分けている。「生地をこねる指先の感触で、どんなパンに焼き上がるか分かる。目指しているのは、小麦の甘さが楽しめるパン」と渡辺さん。ベテラン職人の研ぎ澄まされた感覚によって、しっかりと焼き込まれた、小麦のうま味を感じさせるパンを生み出している。地元の特産セロリを包んだ「セロリブール」や「紅玉りんごのアップルパイ」など、彩り豊かな旬の素材との組み合わせも絶妙だ。一日に何度も焼き足しているため、何かしら焼きたてのパンと出合えるのもうれしい。

冬季の定休日には、スキーのインストラクターをしているという渡辺さんのもとには、地元のスキー仲間も集う。男性一人というお客さんが多いのも、添加物など余計なものは入れないシンプルなおいしさと、飾らない店の雰囲気があるからだろう。

ホームベーカリーベルグ

この道40年の職人技
小麦の甘さを引き出す

ハード系、食パン、デニッシュ、菓子パンなど幅広くそろう。販売は妻の幸子さんが担当

おすすめパン

信濃の食パン

長野県産小麦を使用。湯種法で作っているため、もっちりとして甘く、風味豊か

バタール

皮はパリパリ、中はもっちり。肉料理やチーズに合わせて

モーンプルンダー

クロワッサン生地に黒ケシの甘煮を巻き込んで焼いた、食感が楽しいドイツの菓子パン

1.八ケ岳を望む厨房で作業をする渡辺伸さん　2.シンプルなデザインで立ち寄りやすい店構え

八ヶ岳や三大アルプスを見渡しながらパンが楽しめる「ホームベーカリーベルグ」

Pick up!

360度のパノラマ パンと共に絶景を味わう

店の外には、日本三大アルプスや八ヶ岳などを見渡す360度のパノラマが広がる。この風景を切り取る窓は、一つ一つ形と大きさが違い、まるで額縁のよう。「パンと一緒に絵画のような景色を楽しんでほしい」という渡辺伸さんのこだわりが伝わる。店内のイートインコーナーやテラス席に腰かけて、パンと一緒に雄大な景色を味わいたい。

大窓から絵画のような景色が堪能できる店内

DATA

☎0266-78-3841
長野県茅野市玉川字菖蒲ヶ沢11398-306
http://pan-berg.com/
9:00〜18:00(売り切れ次第終了)
定休日 1〜3月 火、水、木曜
4〜6月、11、12月 火、水曜
7〜10月 火曜

自然栽培ベーカリー&カフェ「空と麦と」

香り高いパン
自然栽培した北杜市産小麦使用

東京・恵比寿西にある自然栽培ベーカリー&カフェ「空と麦と」は、北杜市産小麦を使ったパンが売りだ。標高700〜900メートルに点在し、豊かな自然に恵まれた畑の広さは計約2ヘクタール。農薬も肥料も使わずに育てた小麦から香り高いパンを作っている。

同店はオーナーの池田さよみさんが2015年1月にオープンした。10年ほど前から農業を始め、最初は野菜だけ栽培していたが、パン作りが趣味だったため小麦も育てるようになったのがきっかけ。収穫した野菜やパンを都内のイベントで販売したところ、リピーターが増え出店した。

小麦粉の品種はユメアサヒ、ゆめかおりがメイン。北杜市の自家農園などで自然栽培した小麦とライ麦のほか、厳選した国産小麦を使っている。店頭に並ぶ約30種類のうち、10種類ほどに北杜市産小麦をブレンドしている。池田さんは「小麦の香りと味がしっかりするシンプルな味わいを楽しんでほしい」と話す。

同店で販売するパンは、東京・世田谷の名店「シニフィアン　シニフィエ」の志賀勝栄シェフのプロデュースで完成させた。トマトなどの野菜も自家農園で自然栽培もしくは信頼のおける自然栽培農家のものを使用。オーガニックドライフルーツやナッツ、自然海塩など原材料にもこだわる。

自家農園で自然栽培した小麦の収穫風景。友人農家らも手伝いにやって来る＝北杜市高根町

週1ペースで農作業
小麦の収穫体験も

Pick up!

オーナーの池田さよみさんは農作業のため、休日を利用して週1回ペースで北杜市入りしている。同市に家を借り、農機具なども置いているという。「八ケ岳南麓を選んだのは東京からのアクセスの良さ。東京生まれなので田舎がなく、自分でつくろうと思った。本当に空と空気がきれいで、水がおいしい」と池田さん。奥多摩や軽井沢など各地を実際に回り、北杜市を選んだ。市内の自家農園では、小麦の収穫体験もしている。

1.焼きたてのパンの香りが漂う「空と麦と」の店内　**2.**店内にはイートインコーナーを設けている　**3.**JR恵比寿駅、東急東横線代官山駅からは徒歩5分＝いずれも東京都渋谷区

DATA

☎03-6427-0158
東京都渋谷区恵比寿西2-10-7 YKビル1階
http://www.soratomugito.com/
10:00〜19:00
日曜、月曜定休
（農繁期は休業日の変更あり）

おすすめパン

ほくと丸

北杜市産の小麦粉とブラン（小麦の表皮＝ふすま）だけで作った丸いやわらかいパン

ナッツ・トゥー・ユー

カンパーニュ生地にライ麦の入った少し酸味のあるパン。クルミ、アーモンド、カシューナッツがたっぷり入っている

チョコチップ＆ブラックペッパー

驚きの組み合わせだが、ブラックペッパーのアクセントがやみつきになる

北杜市産小麦のパンが売りの自然栽培ベーカリー＆カフェ「空と麦と」

北杜市大泉町

※清里ベーカリーは高根町エリアに掲載しました。

北杜市長坂町
甲斐小泉駅
JR小海線
JOICHI(ジョイチ) …P.020
白井沢
カフェ・ド・ペイザン …P.022
諏訪神社
Live&Bread CHECHEMENI company(チェチェメニ) …P.024
JA梨北小泉支所前
中央自動車道
八ヶ岳PA
JR中央線
Mt.八ヶ岳 Bread&Cafe …P.030
長坂I.C
べいくはうすフェアリー
…P.026
ベーカリー ブリエ
…P.028
長坂駅

北杜市高根町 ①

サンメドウズ清里スキー場
清里ベーカリー …P.014
※大泉町エリア
山梨県立まきば公園
清泉寮パン工房 …P.038
清里駅
ブレドオール
…P.036
JR小海線
清里
141
パン工房レストラン
megane（めがね） …P.034
清里丘の公園
甲斐大泉駅
Cafe清里フィールドマジックパン工房 …P.040
ごりらのパン屋さん …P.048
石堂

北杜市高根町 ②

びーはっぴぃ …P.046
若林
自家栽培麦工房ナチュ …P.044
ぶーこっこ …P.042
五町田交差点
高根駐在所前
長坂I.C
安《あ》都《つ》玉《たま》製パン …P.052
141
長坂駅
中央自動車道
天然酵母のパン ろくぶんぎ …P.050
JR中央線
西川橋西詰
日野春駅

北杜市須玉町

北杜市明野町

北杜市・武川町・白州町

白州農協前
ゼルコバ …P.068
YES! BAGEL …P.066
20
台ヶ原中
サラダボウルKitchen 白州べるが …P.070
フレンドパークむかわ
手作りパン工房 CUNICO（クニコ） …P.064

北杜市小淵沢町

ぱんの店 虹 …P.080
山のパン屋 桑の実 …P.078
馬術競技場入口
Cercle（セルクル） …P.082
山梨県馬術競技場
JR小海線
ベーカークラスティー …P.076
小淵沢I.C
小淵沢IC入口
中央自動車道
ぱん・パ・パン …P.074
帝京学園短大

韮崎市

エリア別マップ

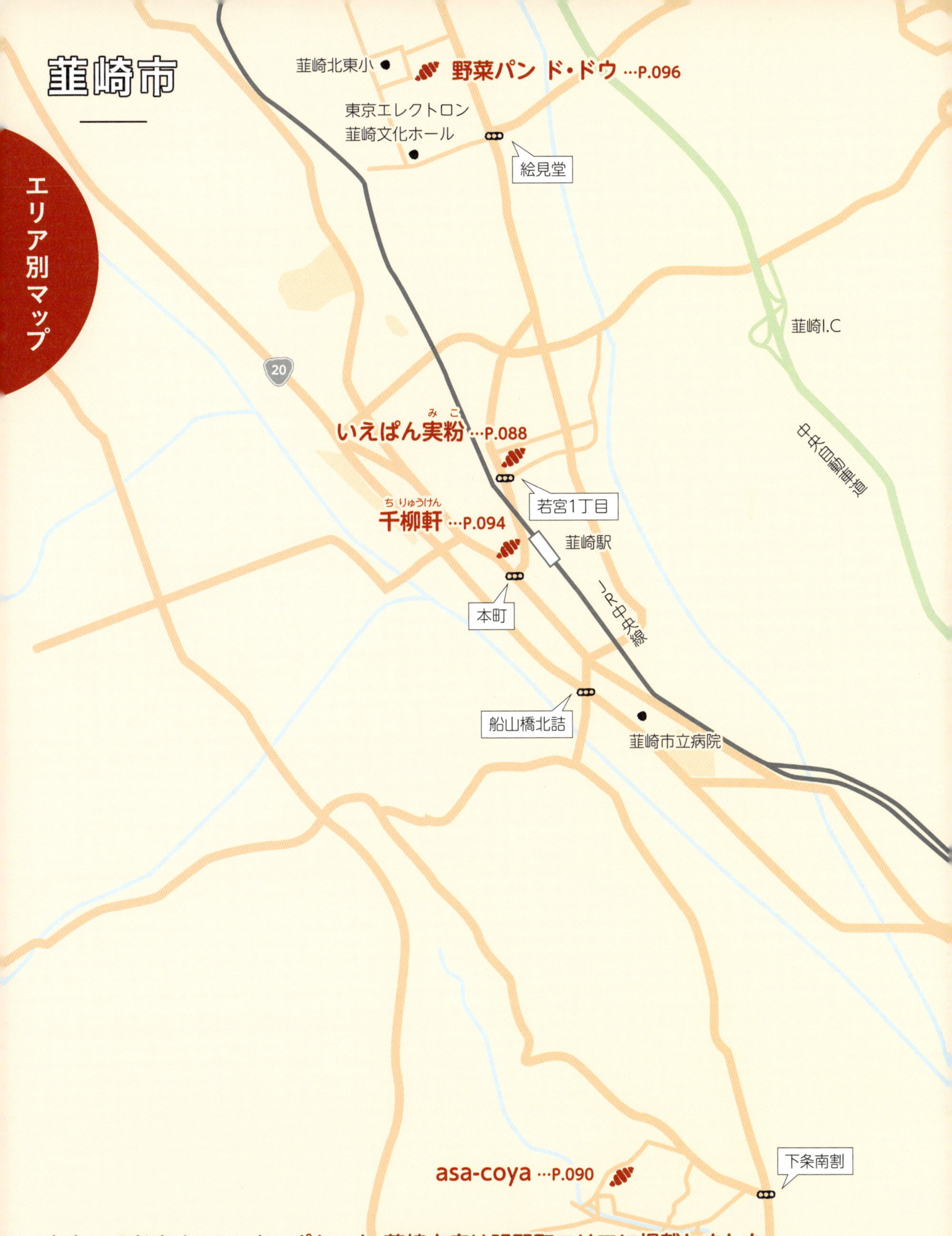

※おちゃのじかん、コーナーポケット 韮崎本店は明野町エリアに掲載しました。

長野県 ①

friluftsliv（フリルフスリフ） …P.104
もみの湯
パン工房 パパゲーノ …P.102
上里
原小
八ヶ岳エコーライン
中央道
原PA 下り
中新田南
青柳駅
JR中央線
諏訪南I.C
御射山
薪窯パン工房
カントリーキッチンベーカリー …P.100
すずらんの里駅
20
中央自動車道
富士見高原ゴルフコース
富士見高原スキー場
十一面観音堂
富士見駅
20
信濃境駅

長野県 ②

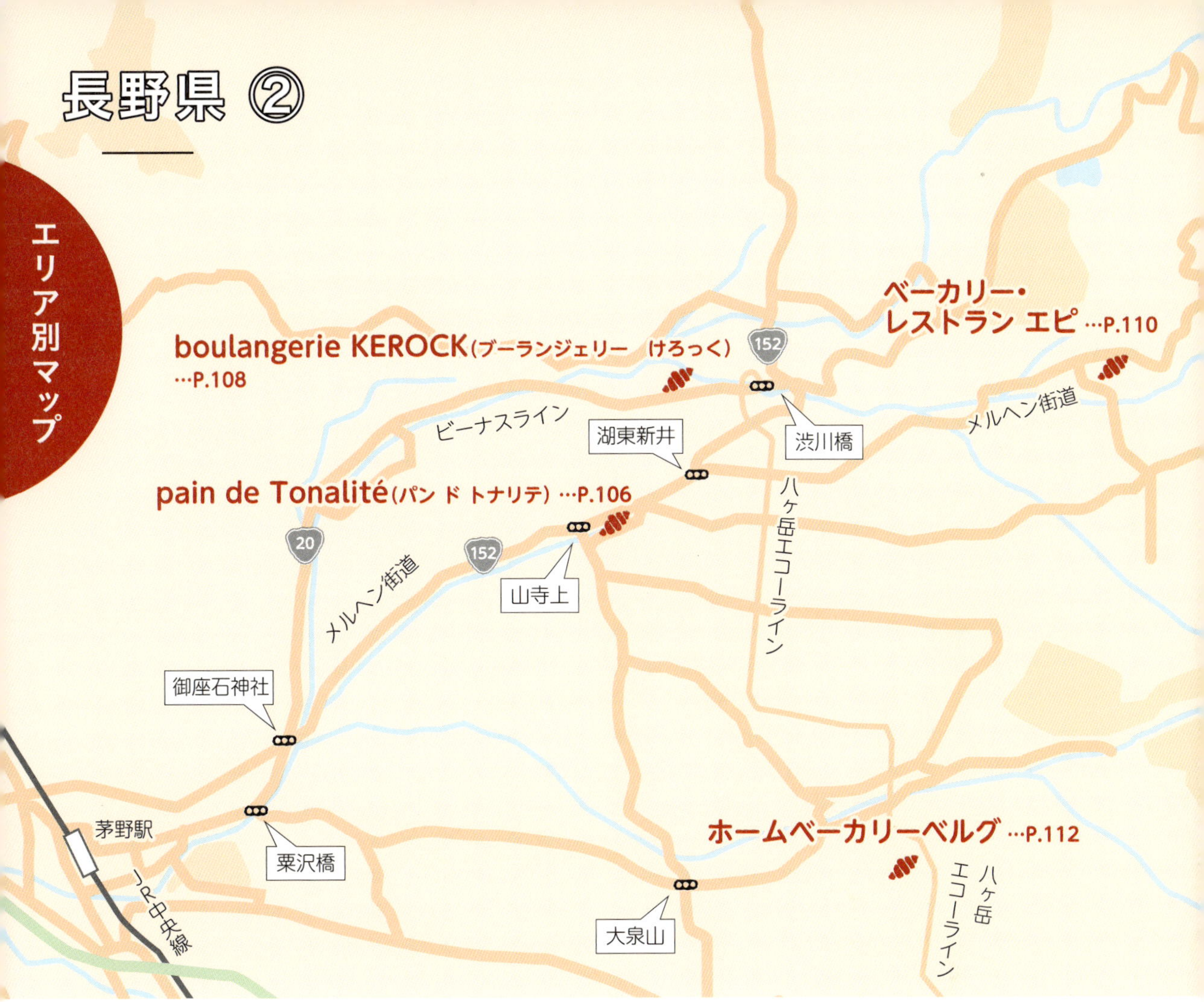
boulangerie KEROCK(ブーランジェリー　けろっく)
…P.108
ベーカリー・
レストラン エピ …P.110
152
渋川橋
ビーナスライン
メルヘン街道
湖東新井
pain de Tonalité(パン ド トナリテ) …P.106
20
152
メルヘン街道
山寺上
八ヶ岳エコーライン
御座石神社
茅野駅
粟沢橋
JR中央線
ホームベーカリーベルグ …P.112
大泉山
八ヶ岳エコーライン

東京都

自然栽培ベーカリー＆カフェ「空と麦と」…P.114
東急東横線
恵比寿西一丁目
JR山手線
代官山駅
長谷戸小
恵比寿駅
駒沢通り
東京メトロ日比谷線

店名 ページ

は

ハイジの村 デルフリ村のパン屋さん …… 062

パン工房 パパゲーノ …… 102

パン工房レストラン megane(めがね) …… 034

pain de Tonalité(パン ド トナリテ) …… 106

パンの店 コンプレ堂 …… 004

ぱんの店 虹 …… 080

ぱん・パ・パン …… 074

パンやまに …… 058

ぴーはっぴぃ …… 046

ぶーこっこ …… 042

boulangerie KEROCK(ブーランジェリー けろっく) …… 108

Friluftsliv(フリルフスリフ) …… 104

ブレドオール …… 036

べいくはうすフェアリー …… 026

ベーカークラスティー …… 076

ベーカリー ブリエ …… 028

ベーカリー・レストラン エピ …… 110

ホームベーカリーベルグ …… 112

店名 ページ

ま

Mt.八ヶ岳 Bread＆Cafe …… 030

薪窯パン工房カントリーキッチンベーカリー …… 100

や

野菜パン ド・ドウ …… 096

山のパン屋 桑の実 …… 078

ら

Live&Bread CHECHEMENI company(チェチェメニ) …… 024

※八ケ岳エリアには本書に掲載したお店以外にもパン店があります。
微力ながら本書が、地域を巡り、お気に入りのお店を見つける一助になれば幸いです。

掲載パン店 50音 INDEX

店名 ページ

ⓐ あ

明野ベーカリー ぱんだ屋 ……060

asa-coya ……090

安《あ》都《つ》玉《たま》製パン ……052

YES! BAGEL ……066

いえぱん実《み》粉《こ》 ……088

EL-bethel(エルベテル) ……006

おいしい学校・パン工房 ……056

organic cafe ごぱん ……008

おちゃのじかん ……092

か

カフェ アロア ……010

Cafe清里フィールドマジックパン工房 ……040

カフェ・ド・ペイザン ……022

清里ベーカリー ……014

Cou cou CAFÉ(ククーカフェ) ……016

コーナーポケット 韮崎本店 ……086

ごりらのパン屋さん ……048

店名 ページ

さ

サラダボウルKitchen 白州べるが ……070

自家栽培麦工房ナチュ ……044

自然栽培ベーカリー＆カフェ「空と麦と」……114

JOICHI(ジョイチ) ……020

Sweets＆Bread 麦の家 ……012

清泉寮パン工房 ……038

Cercle(セルクル) ……082

ゼルコバ ……068

た

千《ち》柳《りゅう》軒《けん》 ……094

手作りパン工房 CUNICO(クニコ) ……064

天然酵母のパン ろくぶんぎ ……050

八ヶ岳 パン散歩

とっておきのパン店ガイド

2017年9月29日 第1刷発行

編集・発行 山梨日日新聞社
〒400-8515 甲府市北口2-6-10
電話 055-231-3105(出版部)

制　　作 デジタルデビジョン

印刷・製本 サンニチ印刷

STAFF

Director
古畑 昌利

Editor
風間 圭
丸山 亜矢子

Design
並木 淳

Writer & Photographer
荻野 由香
村松 真理子
望月 絵麻

Producer
小林 弘英
三井 雅博